高等学校基础实验系列规划教材

"十三五"江苏省高等学校重点教材(2020 - 2 - 070)

江苏高校一流本科专业

环 境 工 程 实 验

总主编 费正皓　王彦卿

主　编 陶为华　刘总堂

副主编 张洋阳　李娄刚　巫先坤

苏州大学出版社

图书在版编目(CIP)数据

环境工程实验/陶为华,刘总堂主编.—苏州:
苏州大学出版社,2021.8(2022.12 重印)
高等学校基础实验系列规划教材 "十三五"江
苏省高等学校重点教材
ISBN 978-7-5672-3502-1

Ⅰ.①环… Ⅱ.①陶… ②刘… Ⅲ.①环境工程—实
验—高等学校—教材 Ⅳ.①X5-33

中国版本图书馆 CIP 数据核字(2021)第 134071 号

内容提要

本书系统地介绍了废水处理、废气处理、固体废物处理等
环境工程系列基础实验,重点介绍了环境工程领域的综合实
验和研究型实验,旨在从实验教学角度,培养学生的科学研究
能力、专业综合能力和环境工程设计创新能力。

本书可作为普通高等院校环境类专业及其他相关专业学
生的实验课教材,也可供相关领域的科技人员参考。

环境工程实验

陶为华 刘总堂 主编

责任编辑 徐 来

苏州大学出版社出版发行
(地址:苏州市十梓街 1 号 邮编:215006)
镇江文苑制版印刷有限责任公司印装
(地址:镇江市黄山南路 18 号润州花园 6-1 邮编:212000)

开本 787 mm×1 092 mm 1/16 印张 9.75 字数 226 千
2021 年 8 月第 1 版 2022 年 12 月第 2 次印刷
ISBN 978-7-5672-3502-1 定价:30.00 元

若有印装错误,本社负责调换
苏州大学出版社营销部 电话:0512-67481020
苏州大学出版社网址 http://www.sudapress.com
苏州大学出版社邮箱 sdcbs@suda.edu.cn

前言

　　环境工程是一门以实验为基础的学科,在普通高等院校环境科学与工程类专业的教学中,实验教学占有十分重要的地位。环境工程实验独立设课,与理论教学同步进行,这不仅有利于学生对理论课程的理解,更重要的是能训练学生的科学思维和研究技能,而且能培养学生的环境工程设计能力、科学品德和精神。

　　本书是在多年环境工程实验教学的基础上,根据学科发展方向、专业培养目标和要求、教学内容来组织编写的。在各类实验的教学体系和内容结构上,书中内容按照基础实验、综合实验、研究型实验三个层次构建。学生可通过基础实验,巩固环境工程基础知识,培养动手能力和基本实验技能;通过综合实验,训练逻辑思维方法,培养团队协作精神和宏观调控能力;通过研究型实验,培养严谨的科学态度、创新意识和能力。

　　本书分为五部分。第一部分环境工程实验基础知识,介绍了实验前、实验中、实验后的教学要求,必须遵守的规则,以及实验室安全基本知识;第二部分水污染控制工程实验,精选了 20 个实验项目,涵盖废水的物理、化学和生物处理方法;第三部分大气污染控制工程实验,包括颗粒和气态污染物处理实验;第四部分噪声污染监测实验,涉及城市道路交通、城市区域环境、工业企业、建筑施工场界噪声监测实验;第五部分固体废物处理与处置实验,包括固体废物的资源化、减量化和无害化实验。

　　本教材的完成是教材编写组全体人员共同努力的结果,各部分编写人员分别为:第一部分由董庆华执笔,第二部分由陶为华、巫先坤执笔,第三部分由温小菊、胡霖执笔,第四部分由王京平执笔,第五部分由刘总堂执笔。本教材也是校企合作教材,南京大学盐城环保技术与工程研究院张洋阳高级工程师和盐城市海西环保科技有限公司李娄刚高级工程师也共同参与了本教材的编写工作。全书由费正皓、王彦卿、陶为华、刘总堂修改、定稿。

　　在教材编写过程中,我们参考和引用了众多文献资料,在此向这些文献的编著者表示衷心感谢。

　　由于编者水平有限,书中可能存在疏漏和错误,恳请读者批评指正。

编　者

目 录

第一部分

环境工程实验基础知识

环境工程实验是环境工程学科的一门重要基础课程,其教学目的是使学生通过实验验证,深入理解并巩固所学的环境工程基础知识,配合环境工程理论课程教学,培养学生掌握环境工程实验的基本技能,掌握环境工程实验研究的基本方法、基本测试技能和数据分析处理技术等。

第一节 环境工程实验室守则

为了保证环境工程实验的安全、正常进行,培养学生良好的实验习惯,特制定环境工程实验室守则,由实验指导老师和学生共同监督、执行。

（1）高度重视实验室安全,重点做好防电、防火、防爆、防水、防中毒等工作,了解实验使用药品的性质,正确使用药品,严禁把药品带出实验室。

（2）掌握实验室急救常识,以及用电开关、用水阀门、消防器材、洗眼器与紧急淋浴器的使用方法,熟悉实验室安全出口和紧急情况下的逃生路线。

（3）做好实验预习,复习理论教材相关内容,弄清实验目的、原理、内容、要求、检测方法及实验注意事项,写好实验预习报告,对实验过程心中有数。

（4）实验前,应检查实验设备是否完好。实验中如发现设备异常,应及时向指导老师报告。严禁私拉电线,不得长期使用临时接线板。

（5）实验过程中,必须严格遵守实验室有关规定,严格按照操作规程进行仪器设备的操作,注意观察实验现象并如实记录。

（6）详细、如实记录各种实验数据,不得编造、更改数据,确保实验记录的真实性。

（7）实验结束后,关闭水、电、气等,整理、检查设备是否完好,检测公用仪器,试剂用完后要放回原处,完成实验记录,经指导老师检查、审阅、签字后方可离开实验室。

（8）节约用电、水、药品和其他消耗品,严格控制化学药品用量。

（9）保持实验室整洁、安全。实验结束后,值日生做好室内保洁,检查水、电、气等是否关闭,将公用仪器、药品、物品等摆放整齐。

（10）禁止在实验室吸烟、进食、大声喧哗,不得做与实验无关的事情,保持良好的课堂秩序。

第二节　环境工程实验室安全常识

一、防止触电

环境工程实验所使用的实验仪器设备大都为用电仪器设备,若操作不当,可能造成人员伤亡、火灾、仪器设备损坏等严重事故,因此需特别注意用电安全。

进入实验室,首先要让学生了解电源开关位置。如有人触电,应迅速切断电源,然后再进行抢救。

严格禁止将水或药剂洒落到仪器设备的带电部分,严格禁止用湿手或湿布等接触电器、电源。

使用电器前,先检查电线连接是否正确、电器控制箱是否干燥、电线是否破损、电器金属外壳是否有接地保护,确定是否具备开机条件。

实验开始前,先连接好电路,再接通电源。实验结束后,先切断电源,再拆连接线路。设备发生故障时,先切断电源,再修理。

二、防止火灾

环境工程实验室火灾主要为有机溶剂或可燃气体着火燃烧、电器线路老化引起的燃烧。

实验室内禁止存放大量易燃、易挥发性有机药品,应根据本次实验药品用量领取实验药品,实验结束后,将未用完的药品送还药品库。

一旦实验室发生火灾,应及时采取正确的措施,防止事故扩大。

首先,立即切断电源,移走易燃物品;然后,根据易燃物的性质和火势,采取适当的方法扑救。

小型容器内着火,可用不可燃的物品(如石棉网、石棉板等)盖住容器口,隔绝空气,使其熄灭。

地面或桌面因有机溶剂洒落着火,若火势不大,可用湿抹布或沙子覆盖灭火;若火势较大,可用灭火器灭火。

衣服着火,火势较小时可用湿抹布灭火,火势较大时可直接用水灭火,切忌在实验室内乱跑。

电器设备着火,应立即切断电源,再用沙子、二氧化碳灭火器或四氯化碳灭火器灭火,切忌不断电就用水或泡沫灭火器灭火。

如火势不宜控制,应立即拨打火警电话"119"。

三、防止爆炸

环境工程实验室爆炸主要为空气中混入的易燃废气(如厌氧废气、有机废气、电解废气)达到爆炸极限时遇明火(如电火花)引起的爆炸;另外,某些氧化剂与有机物混合或某些设备操作不当也会引起爆炸。

严格禁止将使用的挥发性有机溶剂与过氧化氢等氧化剂直接混合,使用时要特别小心,必须按照操作规程操作。

在使用易挥发性药品或含挥发性污染物废水做实验时,要特别注意实验室通风,或在通风橱中操作,减小室内有机物浓度,避免达到爆炸极限。

烘箱内严禁烘烤易燃易爆物品。易爆性废物禁止采用焚烧方法处理。

四、防止中毒

环境工程实验所使用的大多数化学试剂都具有毒性。中毒主要是指实验操作人员及管理人员通过呼吸道吸入,或通过皮肤接触吸收,或通过口食入有毒物质,与人体组织发生反应,引起人体发生暂时或持久性损害的过程。

实验前预习时,要查清实验使用的试剂性能、毒性、注意事项。称量药品时,在通风橱中进行,戴乳胶手套,不与药品直接接触。实验完毕,用肥皂洗手。

对于可能有毒性气体产生的实验,应加气体吸收装置,并将尾气导出至室外,同时加强实验室通风。如意外吸入毒性气体,应尽快移至室外,根据毒物性质,选择服用解毒剂,并立即去医院救治。

五、实验室配备的消防器材和急救物资

实验室应配备干粉灭火器、四氯化碳灭火器、二氧化碳灭火器、沙、石棉布、毛毡及消防栓等消防器材,以及碘酒、3％双氧水、饱和硼酸溶液、1％醋酸溶液、5％碳酸氢钠溶液、70％酒精、玉树油、烫伤膏、万花油、药用蓖麻油、硼酸膏、凡士林、磺胺药粉、脱脂棉、脱脂纱布、绷带、剪刀、镊子、洗眼器、紧急淋浴器等急救物资。

第三节　环境工程实验的学习要求

一、实验准备

实验前的准备工作直接关系到实验的质量和效果,因此必须认真准备,了解实验目的、原理、内容、要求、检测方法及实验注意事项,写好实验预习报告。

1. 了解实验目的

环境工程实验是环境工程理论课程的延伸。通过实验配合理论课学习,加深对相关基础理论的理解,培养环境工程实验的基本技能和严谨的科学态度。

通过阅读实验教材了解实验目的。

2. 了解实验原理

通过复习环境工程理论教材的相关基础理论,再研读实验教材的实验原理和其他参考文献,了解实验原理。

3. 了解实验内容

通过阅读、分析实验教材中的实验设备及仪器、试剂、实验操作步骤等内容,了解实验内容,即实验方案,分析该实验方案的优缺点,寻找改进的方向。

4. 了解实验要求

通过阅读、分析实验教材中的实验操作步骤、实验数据及结果分析等内容,了解实验要求,确定实验操作的过程、时间、分析检测的项目和频次。

5. 了解实验检测方法

通过分析实验仪器和试剂、检测项目,确定检测方法,查阅检测方法相关资料。

6. 了解实验注意事项

通过研读实验教材中的实验注意事项,了解实验注意事项。

7. 编写实验预习报告

根据预习内容,编写实验预习报告。预习报告提纲的内容包括:① 实验目的和主要实验内容;② 需检测项目的测试方法;③ 实验注意事项;④ 实验记录表格;⑤ 人员分工。

二、进行实验

仔细检查实验设备、仪器仪表是否完整齐全,水、电等连接是否正确。确认具备实验条件后,按照人员分工,开展各项实验。

实验应严格按照操作规程认真操作,仔细观察实验现象,认真测定实验数据,详细真实地进行实验记录。

实验结束后,应将实验设备和仪器仪表恢复原状,关闭电源、水源,将周围环境整理干净,养成良好的习惯。

最后请指导老师签字确认。

三、实验总结

1. 数据处理与分析

整个实验结束后,应对实验测定的数据进行处理与分析,根据所获得的实验数据对本次实验进行评价、总结,并对环境工程设备的运行状况进行评价和判断,分析结论的可靠性。

2. 编写实验报告

实验报告是对实验的全面总结,要求文字通顺、字迹端正、图表整齐、结论正确。一般实验报告的内容包括:实验名称、实验目的、实验原理、实验装置、实验数据及处理、结论、讨论等。

第二部分

水污染控制工程实验

实验一 混凝实验

一、实验目的
(1) 观察混凝现象,加深对混凝原理的理解。
(2) 了解影响混凝过程(或效率)的相关因素。
(3) 掌握最佳混凝工艺条件的确定方法。

二、实验原理
对于水中粒径小的悬浮物及胶体物质,由于微粒的布朗运动、胶体颗粒间的静电斥力和胶体颗粒表面的水化作用,水中这种含浊状态稳定。向水中投加混凝剂后,颗粒聚集的原因为:① 降低了颗粒间的排斥能峰及胶粒的 Zeta 电位,实现了胶粒脱稳;② 发生高聚物式高分子混凝剂的吸附架桥作用;③ 发生网捕作用,从而达到颗粒的凝聚,最终沉淀并从水中分离出来。

混凝是水处理工艺中十分重要的一个环节,其所处理的对象主要是水中悬浮物和胶体物质。混合和反应是混凝工艺的两个阶段,投药是混凝工艺的前提。选择性能良好的药剂,创造适宜的化学和水利条件,是混凝工艺的技术关键。由于各种原水有很大差别,混凝效果不尽相同,影响混凝效果的因素主要有以下几个方面:

1. 水的 pH 对混凝效果的影响

pH 的大小直接关系到选用药剂的种类、加药量和混凝沉淀效果。水中 H^+ 和 OH^- 参与混凝剂的水解反应,因此 pH 强烈影响混凝剂的水解速度、产物的存在形态与性能。以铝盐为例,铝盐的混凝作用是通过生成 $Al(OH)_3$ 胶体实现的。在不同 pH 下,Al^{3+} 的存在形态不同。当 pH<4 时,$Al(OH)_3$ 溶解,以 Al^{3+} 存在,其混凝除浊效果极差。一般来说,在低 pH 时,高电荷低聚合度的多核配位离子占主要地位,起不了黏附、架桥、吸附等作用。在 pH=6.5~7.5 时,聚合度很大的中性 $Al(OH)_3$ 胶体占绝大多数,故混凝效果较好。当 pH>8 时,$Al(OH)_3$ 胶体又重新溶解为负离子,生成 AlO_2^-,混凝效果也很差。高分子絮凝剂受 pH 的影响较小。水的碱度对 pH 有缓冲作用,当碱度不够时,应添加石灰等药剂。

2. 水温对混凝效果有明显的影响

混凝剂水解多是吸热反应。水温低时水解速度慢,且水解不完全。温度也影响矾花形成速度和结构。低温时即使增加投药量,絮体的形成还是很缓慢,而且结构松散,颗粒细小,较难去除;此外,水温低时水的黏度大,布朗运动减弱,碰撞次数减少,同时剪切力增大,难以形成较大的絮体。但水温太高,易使高分子絮凝剂老化或分解生成不溶性物质,反而降低混凝效果。

3. 水中杂质成分、性质和浓度对混凝效果的影响

水中黏土杂质粒径细小而均匀者,混凝效果较差,粒径参差者对混凝有利。颗粒浓度过低往往对混凝不利,回流沉淀物或投加助凝剂可提高混凝效果。水中存在大量有机物时,有机物能被黏土微粒吸附,使微粒具备了有机物的高度稳定性;此时,向水中投加氯以氧化有机物,破坏其保护作用,常能提升混凝效果。水中的盐类也能影响混凝效果,如水中的 Ca^{2+}、Mg^{2+},以及硫、磷化合物一般对混凝有利,而某些阴离子、表面活性物质却对混凝有不利影响。

4. 混凝剂种类的影响

混凝剂的选择主要取决于胶体和细微悬浮物的性质、浓度。如水中污染物主要呈胶体状态,且 Zeta 电位较高,则应先选无机混凝剂使其脱稳凝聚;如絮体细小,则还需投加高分子混凝剂或配合使用活化硅胶等助凝剂。很多情况下,将无机混凝剂与高分子混凝剂并用,可明显提升混凝效果,扩大应用范围。对于高分子而言,链状分子上所带电荷量越大,电荷密度越高,链就越能充分延伸,吸附架桥的空间范围也就越大,絮凝作用就越好。

5. 混凝剂投加量的影响

投加混凝剂的多少直接影响混凝效果。若混凝剂投加量不足,则不可能有很好的混凝效果;同样,如果投加的混凝剂过多,也未必能达到很好的混凝效果。对任何混凝处理,都存在最佳混凝剂和最佳投药量,应通过试验确定。一般的投加量范围是:普通铁盐、铝盐为 10～100 mg/L;聚合盐为普通盐的 1/3～1/2;有机高分子混凝剂为 1～5 mg/L。

6. 混凝剂投加顺序的影响

当使用多种混凝剂时,其最佳投加顺序应通过试验确定。一般而言,当无机混凝剂与有机混凝剂并用时,先投加无机混凝剂,再投加有机混凝剂。但当处理的胶粒粒径在 50 μm 以上时,常先投加有机混凝剂吸附架桥,再加无机混凝剂压缩双电层而使胶粒脱稳。

7. 水力条件对混凝有重要影响

在混合阶段,要求混凝剂与水迅速均匀地混合;而到了反应阶段,既要创造足够的碰撞机会和良好的吸附条件让絮体有足够的成长机会,又要防止生成的小絮体被打碎,因此搅拌强度要逐步减小,反应时间要长。

三、仪器与试剂

1. 仪器

电动六联搅拌器、浊度仪、酸度计。

2. 试剂

硫酸铝、氯化铁、聚合硫酸铝、聚合氯化铁、聚丙烯酰胺等。

四、实验步骤

（1）测定原水特征：测定原水浊度、pH、温度。

（2）确定形成矾花所用的最小混凝剂量：慢速搅拌烧杯中的 200 mL 原水，并每次增加 0.1 mL 混凝剂投加量，直至出现矾花，这时的混凝剂量作为形成矾花的最小投加量 M_0。

（3）用 6 个 1 000 mL 的烧杯编号后分别加入 800 mL 原水，放在搅拌器平台上。

（4）确定混凝剂投加量：把 $M_0/3$ 作为 1 号烧杯的混凝剂投加量，$2M_0$ 作为 6 号烧杯的混凝剂投加量，用依次增加混凝剂投加量相等的方法求出 2～5 号烧杯的混凝剂投加量，把混凝剂分别加入烧杯中。

（5）启动搅拌器，快速搅拌 30 s，转速约 300 r/min；中速搅拌 5 min，转速约 100 r/min；慢速搅拌 10 min，转速约 50 r/min。注意：如果用污水进行混凝实验，污水胶体颗粒比较脆弱，搅拌速度要适当放慢。

（6）搅拌过程中，注意观察并记录矾花形成的过程，以及矾花的外观、大小、密实程度等。

（7）关闭搅拌器，静置沉淀 10 min（依据矾花颗粒的大小确定时间），移取 50 mL 烧杯中的上层清液于锥形瓶中，测定浊度，记录结果，计算去浊百分率，同时整理得出最佳投药量 M。注意：移取上层清液时，不要搅动底部沉淀物。

五、数据记录与处理

（1）将原水特征、混凝剂投加情况、沉淀后的水样浊度、pH 及去浊百分率记入表 2-1。

表 2-1　混凝沉淀实验数据

烧杯编号		1	2	3	4	5	6
原水浊度							
原水 pH							
混凝剂名称							
混凝剂量/（mg/L）							
反应情况	矾花出现时间						
	矾花大小						
	矾花形状						
沉淀水	浑浊度						
	pH						
	去浊百分率						

（2）以沉淀后水样浊度为纵坐标，混凝剂加入量为横坐标，绘制浊度与加药量关系曲线。

六、注意事项

（1）取水样时，所取水样应搅拌均匀，要一次量取以尽量减少所取水样浓度上的差别。

（2）移取烧杯中沉淀水上层清液时，要在相同条件下取上层清液，不要将沉下去的矾花搅动起来。

七、问题讨论

（1）混凝实验对生产有何意义？

（2）为什么取最大投药量时混凝效果不一定好？

（3）本实验与水处理实际情况有哪些差别？如何改进？

八、知识链接

混凝沉淀实验是水处理基础实验之一，广泛应用于科研、教学和生产中。水中胶体颗粒微小、表面水化和带电使其具有稳定性。带电胶体与其周围的离子组成双电层结构的胶团。吸附层内的离子随胶体核一起运动表现出来的电位称为电动电位 ζ，又称为 Zeta 电位，电位的高低决定了胶体颗粒之间斥力的大小和影响范围，其值可由电泳或电渗实验结果测得。

天然水中胶体颗粒的 Zeta 电位一般在 -30 mV 以上，投加混凝剂后，只要该电位降到 -15 mV 左右即可得到较好的混凝效果。相反，当 Zeta 电位降到零时，往往不是最佳混凝状态。要使胶粒脱稳与凝聚，必须降低 Zeta 电位和破坏水化膜，并提供胶粒碰撞的动能。造成胶粒碰撞的主要原因是布朗运动、流速梯度和涡流紊动。对于粒径在 1 μm 左右的颗粒，布朗运动已基本不起作用。为此，工程上采用投药后快速搅拌的方法，以保持较高的碰撞次数。搅拌产生的速度梯度 G 与搅拌时间 T 的乘积可间接表征整个反应时间内颗粒碰撞的总次数，可用来控制反应效果。一般控制 GT（无量纲）值在 $10^4 \sim 10^5$ 之间。考虑到颗粒数目对碰撞的影响，有人提出应以 GTC（C 为胶体浓度，质量比）值作为控制参数，并建议 GTC 值控制在 100 左右。消除或降低胶体颗粒稳定因素的过程叫作脱稳。脱稳后的胶粒在一定的水力条件下，才能形成较大的絮凝体，俗称矾花。直径较大且较密实的矾花容易下沉。自投加混凝剂直至形成较大矾花的过程叫作混凝。由布朗运动造成的颗粒碰撞絮凝叫作"异向絮凝"，异向絮凝只对微小颗粒起作用；由机械运动或液体流动造成的颗粒碰撞絮凝叫作"同向絮凝"。

九、参考文献

［1］郑毅，丁曰堂，李峰，等. 国内外混凝机理研究及混凝剂的开发现状［J］. 中国给水排水，2007，23（10）：14 - 17.

［2］张瑛，阮晓红. 水处理混凝剂及其发展方向［J］. 污染防治技术，2003，16（4）：45 - 49.

实验二　活性炭吸附实验

一、实验目的

（1）掌握吸附实验的基本操作过程。

（2）加深理解吸附的基本原理。

（3）掌握吸附等温线的物理意义及其功能。

（4）掌握活性炭吸附实验的数据处理方法。

（5）掌握用间歇法、连续流法确定活性炭处理污水的设计参数的方法及活性炭吸附公式中常数的确定方法。

二、实验原理

活性炭处理工艺是运用吸附的方法，去除水和废水中的异味、某些离子及难以生物降解的有机物。在吸附过程中，活性炭比表面积起着主要作用，被吸附物质在水中的溶解度也直接影响吸附的速度。此外，pH 的高低、温度的变化和被吸附物质的分散程度也对吸附速度有一定的影响。

活性炭对水中所含杂质的吸附既有物理吸附，也有化学吸附。有一些被吸附物质先在活性炭表面上积聚浓缩，继而进入固体晶格原子或分子之间被吸附，还有一些特殊物质则与活性炭分子结合而被吸附。

水中的溶解性杂质在活性炭表面积聚而被吸附，同时也有一些被吸附物质由于分子的运动而离开活性炭表面，重新进入水中，即同时发生解吸现象。当吸附和解吸处于动态平衡时，即单位时间内活性炭吸附的数量等于解吸的数量时，被吸附物质在溶液中的浓度和在活性炭表面的浓度均不再变化，达到了平衡，称为吸附平衡。这时活性炭和水（固相和液相）之间的溶质浓度具有一定的分布比值。如果在一定压力和温度条件下，用 m g活性炭吸附溶液中的溶质，被吸附的溶质为 x mg，则单位质量的活性炭吸附溶质的质量 q_e，即吸附容量（平衡吸附量）可按下式计算：

$$q_e = \frac{V(c_0 - c_e)}{m} = \frac{x}{m} \tag{2-1}$$

式中，q_e 为活性炭吸附容量，g/g；V 为污水体积，L；c_0 和 c_e 分别为吸附前原水初始浓度和吸附平衡时污水的物质浓度，g/L；m 为活性炭投加量，g；x 为被吸附物质质量，g。

显然，平衡吸附量越大，单位吸附剂处理的水量越大，吸附周期越长，运转管理费用越低。q_e 的大小除了决定于活性炭的品种外，还与被吸附物质的性质、浓度，以及水的温度和 pH 有关。一般说来，当被吸附物质能够与活性炭发生结合反应，被吸附物质又不容易溶解于水而受到水的排斥作用，且活性炭对被吸附物质的亲和作用力强，被吸附物质的浓度又较大时，q_e 值就比较大。

在温度一定的条件下，活性炭的吸附容量 q_e 与吸附平衡时的浓度之间的关系曲线称为吸附等温线。在水处理工艺中，通常用的等温线有 Langmuir 等温线和 Freundlich 等温线等。其中 Freundlich 等温线的数学表达式为

$$q_e = K c_e^{\frac{1}{n}} \tag{2-2}$$

式中，K 为与吸附剂比表面积、温度和吸附质等有关的系数；n 为与温度、pH、吸附剂及被吸附物质的性质有关的常数；q_e 和 c_e 同前。

K 和 n 可通过间歇式活性炭吸附实验测得。将上式取对数后变换为

$$\lg q_e = \lg K + \frac{1}{n} \lg c_e \tag{2-3}$$

将 q_e 和 c_e 的相应值绘在对数坐标上，所得直线斜率为 $1/n$，截距为 K。

由于间歇式静态吸附法处理能力低，设备多，故在工程中多采用活性炭进行连续吸附操作。连续流活性炭吸附性能可用 Bohart-Adams 关系式表达，即

$$\ln \left[\frac{c_0}{c_B} - 1 \right] = \ln \left[\exp \left(\frac{K N_0 H}{v} \right) - 1 \right] - K c_0 t \tag{2-4}$$

因 $\exp\left(\dfrac{KN_0H}{v}\right)\gg 1$，所以上式等号右边括号内的 1 可忽略不计，则工作时间 t 由上式可得

$$t = \frac{N_0}{c_0 v}\left[H - \frac{v}{KN_0}\ln\left(\frac{c_0}{c_B}-1\right)\right] \tag{2-5}$$

式中，t 为工作时间，h；v 为流速，即空塔速度，m/h；H 为活性炭层高度，m；K 为流速常数，$m^3/(mg\cdot h)$ 或 $L/(mg\cdot h)$；N_0 为吸附容量，即达到饱和时被吸附物质的吸附量，mg/L；c_0 为入流溶质浓度，mol/m^3 或 mg/L；c_B 为允许出流溶质浓度，mol/m^3 或 mg/L。

工作时间为零时，能保持出流溶质浓度不超过 c_B 的活性炭层理论高度称为活性炭层的临界高度 H_0。其值可根据式(2-5)进行计算，即 $t=0$ 时，有

$$H_0 = \frac{v}{KN_0}\ln\left(\frac{c_0}{c_B}-1\right) \tag{2-6}$$

炭柱的吸附容量(N_0)和流速常数(K)可通过连续流活性炭吸附实验并利用式(2-5)的 $t\text{-}H$ 线性关系回归或作图法求出。

实验时，如果取工作时间为 t，原水样溶质浓度为 c_{01}，用三个活性炭柱串联，则第一个活性炭柱的出流浓度 c_{B1} 即为第二个活性炭柱的入流浓度 c_{02}，第二个活性炭柱的出流浓度 c_{B2} 即为第三个活性炭柱的入流浓度 c_{03}。由各活性炭柱不同的入流、出流浓度 c_0、c_B 便可求出流速常数 K 值及吸附容量 N_0。

三、实验装置及设备

1. 实验装置

间歇性吸附采用锥形瓶内装入活性炭和水样进行振荡的方法；连续流吸附采用有机玻璃柱内装活性炭、水流自上而下（或升流式）连续进出的方法。活性炭连续流吸附实验装置如图 2-1 所示。

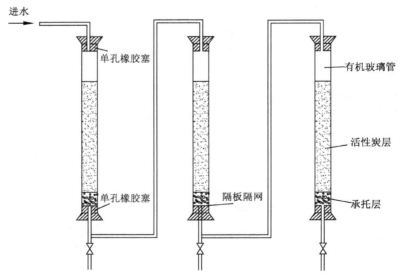

图 2-1 活性炭连续流吸附实验装置示意图

2. 实验设备

(1) 振荡器：THZ-82 型。

(2) pH 计：pHS 型。

(3) 活性炭柱、活性炭、水样调配箱、恒温箱、分光光度计、温度计、水泵等。

(4) 有机玻璃柱（6 根，ϕ 35 mm×1 000 mm）。

(5) COD 测定装置。

四、实验步骤

1. 间歇式吸附实验步骤

(1) 取活性炭 2 000 mg 于蒸馏水中浸 24 h，然后放在 103 ℃烘箱内烘 24 h，再将烘干的活性炭研碎成 0.1 mm 以下的粉状。

(2) 配制水样 1 L，使其含适量的被吸附物。

(3) 取适量水样，测定原水的浓度。

(4) 在 5 个锥形瓶中分别放入 100 mg、200 mg、300 mg、400 mg、500 mg 粉状活性炭，加入 150 mL 水样，放入振荡器中振荡 30 min。

(5) 过滤各锥形瓶中的水样，并测定浓度。

(6) 测出原水样 pH 及温度。

2. 连续流吸附实验步骤

(1) 配制水样或取自实际废水，使原水样 COD 约 100 mg/L，测出具体 COD、pH、水温等数值。

(2) 打开进水阀门，使原水进入活性炭柱，并控制为 3 个不同流量（建议滤速分别为 5 m/h，10 m/h，15 m/h）。

(3) 稳定运行 5 min 后测定各活性炭出水 COD 值。

(4) 连续运行 2～3 h，每隔 30 min 取样测定各活性炭柱出水 COD 值一次。

五、数据记录与处理

1. 间歇式吸附实验

(1) 实验操作基本参数：

实验日期：_____年_____月_____日

水样浓度＝_____ mg/L   pH＝_____   温度＝_____ ℃

振荡时间＝_____ min   水样体积＝_____ mL

(2) 将各锥形瓶中水样过滤后的测定结果记入表 2-2。

表 2-2　间歇式吸附实验记录表

杯号	$V_{水样}$ / mL	c_0/(mg/L)	c_e/(mg/L)	lg c_e	m/mg	$\dfrac{c_0-c_e}{m}$	lg $\dfrac{c_0-c_e}{m}$

（3）按式（2-1）计算吸附量 q_e。根据 c_e 和相应的 q_e 在双对数坐标纸上绘制出吸附等温线（以 $\lg\dfrac{c_0-c_e}{m}$ 为纵坐标，$\lg c_e$ 为横坐标绘 Freundlich 吸附等温线），直线斜率为 $\dfrac{1}{n}$，截距为 K。$\dfrac{1}{n}$ 值越小，活性炭吸附性能越好。一般认为，当 $\dfrac{1}{n}=0.1\sim0.5$ 时，水中欲去除杂质易被吸附；$\dfrac{1}{n}>2$ 时则难以吸附。当 $\dfrac{1}{n}$ 较小时多采用间歇式活性炭吸附，当 $\dfrac{1}{n}$ 较大时最好采用连续流活性炭吸附。

（4）从吸附等温线上求出 K、n 值，代入式（2-2），求出 Freundlich 吸附等温线的数学表达式。

2. 连续流吸附实验

（1）将实验测定结果按表 2-3 填写。

原水 COD 浓度 $c_0=$ _____ mg/L，水温 = _____ ℃，pH = _____，活性炭吸附容量 $N_0=$ _____ g/L。

表 2-3　连续流吸附实验记录表

工作时间 t/min	1 号柱			2 号柱			3 号柱			出水 c_B /(mg/L)
	c_{01} /(mg/L)	H_1 /m	v_1 /(m/h)	c_{02} /(mg/L)	H_2 /m	v_2 /(m/h)	c_{03} /(mg/L)	H_3 /m	v_3 /(m/h)	

（2）由表 2-3 中所得 t-H 直线关系的截距，即为式（2-5）中的 $-\dfrac{1}{Kc_0}\ln\left(\dfrac{c_0}{c_B}-1\right)$，应用 $-\dfrac{1}{Kc_0}\ln\left(\dfrac{c_0}{c_B}-1\right)$ 关系式求出 K 值，然后推算出 $c_B=10$ mg/L 时活性炭柱的工作时间。

六、注意事项

连续流吸附实验中，如果第一个活性炭柱出水中 COD 值很小，小于 20 mg/L，则可增大流量或停止后续吸附柱进水。反之，如果第一个吸附柱出水 COD 与进水浓度相差甚小，可减少进水量。

七、问题讨论

（1）吸附等温线有什么实际意义？做吸附等温线实验时为什么要用粉状活性炭？

（2）Freundlich 吸附等温线和 Bohart-Adams 关系式各有何实际意义？

（3）间歇吸附与连续流吸附相比，吸附容量 q_e 和 N_0 是否相等？怎样通过实验求出 N_0 值？

八、知识链接

活性炭具有良好的吸附性能和稳定的化学性质,是目前国内外应用比较多的一种非极性吸附剂。与其他吸附剂相比,活性炭具有微孔发达、比表面积大的特点。通常活性炭的比表面积可以达到 $500\sim1\,700\ \mathrm{m^2/g}$,这是其吸附能力强、吸附容量大的主要原因,其广泛应用于工业水处理中。

九、参考文献

[1] 陈泽堂. 水污染控制工程实验[M]. 北京:化学工业出版社,2003.

[2] 金璇,马鲁铭,王红武. 表面化学改性活性炭对有机物吸附的研究进展[J]. 江苏环境科技,2006,19(Z2):43-45.

[3] 沈渊玮,陆善忠. 活性炭在水处理中的应用[J]. 工业水处理,2007,27(4):13-16.

实验三 絮凝沉淀实验

一、实验目的

(1)加深对絮凝沉淀的特点、基本概念及沉淀规律的理解。

(2)掌握絮凝沉淀实验方法,并能利用实验数据绘制絮凝沉淀静沉曲线。

二、实验原理

悬浮物浓度不太高,一般在 $600\sim700\ \mathrm{mg/L}$ 以下的絮状颗粒的沉淀属于絮凝沉淀,如给水工程中的混凝沉淀、污水处理中初沉池内的悬浮物沉淀均属此类。沉淀过程中由于颗粒相互碰撞,凝聚变大,沉速不断加大,因此颗粒沉速实际上是一变速。这里所说的絮凝沉淀颗粒沉速是指颗粒沉淀平均速度。在平流沉淀池中,颗粒沉淀轨迹是一曲线,而不同于自由沉淀的直线运动。在沉淀池内颗粒去除率不仅与颗粒沉速有关,而且与沉淀有效水深有关。因此,沉淀柱不仅要考虑器壁对悬浮物沉淀的影响,还要考虑柱高对沉淀效率的影响。

实验装置中,每根沉淀柱在高度方向每隔 $150\sim250\ \mathrm{mm}$ 开设一取样口,柱上部设溢流孔。将悬浮物浓度 c_0 及水温已知的水样注入沉淀柱,搅拌均匀后开始计时,每隔 $20\ \mathrm{min}$、$40\ \mathrm{min}$、$60\ \mathrm{min}$……分别在每个取样口同时取样 $50\sim100\ \mathrm{mL}$,测定其悬浮物浓度 c_i,并利用下式计算颗粒去除率:

$$E = \frac{c_0 - c_i}{c_0} \times 100\% \tag{2-7}$$

以取样口高度为纵坐标,以取样时间为横坐标,将同一沉淀时间与不同高度的去除率标注在坐标内,将去除率相等的各点连成等去除率曲线,绘制絮凝沉淀静沉曲线。

静沉中絮凝沉淀颗粒去除率的计算基本思路和自由沉淀一致,但方法有所不同。自由沉淀采用累积曲线计算法;而絮凝沉淀采用的是纵深分析法,根据絮凝沉淀等去除率曲线,应用图解法近似求出不同时间、不同高度的颗粒去除率。图解法就是在絮凝沉淀曲线上作中间曲线,从而求得颗粒去除率。实际去除率分为以下两部分:

(1)全部被去除的悬浮颗粒。指在制定的停留时间 T 及给定的沉淀池有效水深 H_0

两直线相交点的等去除率线所对应的 E 值,它只表示沉速 $u \geqslant u_0 = \dfrac{H_0}{T}$ 的那部分完全可以去除颗粒的去除率。

（2）部分被去除的悬浮颗粒。悬浮物沉淀时,虽然有些颗粒小、沉速小,不可能从池顶沉到池底,但处在池体的某一高度 h_i 时,在满足 $\dfrac{h_i}{u_i} < \dfrac{H_0}{u_0}$ 时就可以被去除。这部分颗粒是指沉速 $u < \dfrac{H_0}{T}$ 的那些颗粒。这部分颗粒的沉淀效率也不相同,其中颗粒大的沉速快。其计算方法、原理和分散颗粒沉淀一样,用图解法,因中间曲线对应的不同去除率的水深分别为 $h_1, h_2, h_3, \cdots$,则 $\dfrac{h_i}{H_0}$ 近似地代表了这部分颗粒中所能沉到池底的比例。这样可将分散颗粒沉淀中的 $\displaystyle\int_0^{P_0} \dfrac{u_s}{u_0} \mathrm{d}P$ 用 $\dfrac{h_1}{H_0}(E_2 - E_1) + \dfrac{h_2}{H_0}(E_3 - E_2) + \dfrac{h_3}{H_0}(E_4 - E_3) + \cdots$ 代替。其中,$E_1, E_2, E_3, E_4, \cdots$ 为部分被去除的悬浮颗粒的去除率。

综上所述,总去除率用下式计算:

$$E = E_r + \frac{h_1}{H_0}(E_{t+1} - E_t) + \frac{h_2}{H_0}(E_{t+2} - E_{t+1}) + \cdots + \frac{h_i}{H_0}(E_{t+n} - E_{t+n-1}) \quad (2\text{-}8)$$

式中,E_r 为全部被去除的悬浮颗粒的去除率。

三、实验装置及设备

1. 实验装置

实验装置如图 2-2 所示。

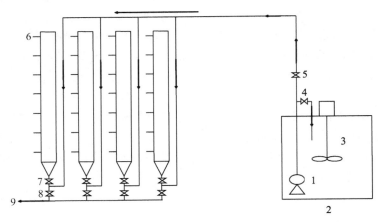

1—水泵；2—配水箱；3—搅拌装置；4—水泵循环管阀门；5—配水管阀门；
6—取样口；7—各沉淀柱进水阀门；8—各沉淀柱放空阀门；9—排水管。

图 2-2　实验装置示意图

2. 实验设备

（1）沉淀柱：有机玻璃沉淀柱,直径 $d = 100$ mm,柱高 2 000 mm,沿不同高度设有取样口。

（2）配水及投配系统：配水箱、搅拌装置、水泵、配水管等。

（3）取样设备：定时器、烧杯、移液管、磁盘等。

（4）悬浮物分析所需设备及用具：电子天平（感量 0.1 mg）、带盖称量瓶、干燥皿、烘箱等。

四、实验步骤

（1）将欲测水样（城市污水或人工配水等）倒入进水槽进行搅拌，待搅拌均匀后取样测定原水悬浮物浓度（SS）。

（2）开启水泵及各沉淀柱的进水阀门。

（3）依次向 1～4 号沉淀柱内进水，当水位达到溢流孔时，关闭进水阀门，同时记录沉淀时间。4 根沉淀柱的沉淀时间分别是 20 min、40 min、60 min、80 min。

（4）当达到各柱的沉淀时间时，沿柱面自上而下依次取样，测定水样悬浮物浓度。

五、数据记录与处理

（1）实验操作基本参数：

实验日期：_____ 年 _____ 月 _____ 日

沉淀柱直径 $d=$ _____ m　　　　柱高 $H=$ _____ m

温度 = _____ ℃　　　　原水悬浮物浓度 SS= _____ mg/L

（2）将实验数据记入表 2-4。

表 2-4　絮凝沉淀实验数据记录表

柱号	沉淀时间/min	取样点编号	SS/(mg/L)	SS 平均值/(mg/L)	取样点有效水深/m	备注
1	20	1－1				
		1－2				
		1－3				
		1－4				
		1－5				
2	40	2－1				
		2－2				
		2－3				
		2－4				
		2－5				
3	60	3－1				
		3－2				
		3－3				
		3－4				
		3－5				

续表

柱号	沉淀时间/min	取样点编号	SS/(mg/L)	SS 平均值/(mg/L)	取样点有效水深/m	备注
4	80	4 − 1				
		4 − 2				
		4 − 3				
		4 − 4				
		4 − 5				

（3）将表 2-4 中的实验数据进行整理，并将计算结果记入表 2-5。

表 2-5　各取样点悬浮物去除率 E 值计算表

取样深度/m	沉淀柱 1	沉淀柱 2	沉淀柱 3	沉淀柱 4
	20 min	40 min	60 min	80 min
0.25				
0.50				
0.75				
1.00				
1.25				
1.50				

（4）以沉淀时间 t 为横坐标，深度 H 为纵坐标，将各取样点的去除率标在各取样点的坐标上。

（5）在上述基础上，用内插法绘制等去除率曲线。E 最好是以 5％ 或 10％ 为一间距，如 25％、35％、45％，或 20％、25％、30％。

（6）选择某一有效水深 H，过 H 作 x 轴平行线与各去除率线相交，再根据式（2-8）计算不同沉淀时间的总去除率。

（7）以沉淀时间 t 为横坐标，E 为纵坐标，绘制不同有效水深 H 的 E-H 关系曲线及 E-u 曲线。

六、注意事项

（1）向沉淀柱进水时，速度要适中，既要防止悬浮物由于进水速度过慢而絮凝沉淀，又要防止由于进水速度过快，沉淀开始后柱内还存在紊流，影响沉淀效果。

（2）由于同时从每个柱相同位高的 5 个取样口取样，要做好人员分工、烧杯编号等准备工作，以便能在较短的时间内从上至下准确地取出水样。

（3）测定悬浮物浓度时，一定要注意两平行水样的均匀性。

（4）注意观察，描述颗粒沉淀过程中自然絮凝作用及沉速的变化。

七、问题讨论

（1）观察絮凝沉淀现象，并叙述与自由沉淀现象有何不同，以及实验方法有何区别。

（2）两种不同性质污水经絮凝实验后,所得同一去除率的曲线的曲率不同,试分析其原因,并加以讨论。

（3）实际工程中,哪些沉淀属于絮凝沉淀?

八、知识链接

水处理中经常遇到的沉淀多属于絮凝颗粒沉淀,即在沉淀过程中,颗粒的大小、形状和密度都有所变化,随着沉淀深度的增加和时间的延长,沉速越来越快。絮凝沉淀对原水中悬浮物的去除显得尤为重要,可用实验数据来确定必要的絮凝颗粒的沉淀轨迹设计参数。

九、参考文献

[1] 刘琴. 絮凝体沉降性能的试验研究[D]. 武汉:武汉科技大学,2008.

[2] 陈洪松,邵明安. AlCl$_3$对细颗粒泥沙絮凝沉降的影响[J]. 水科学进展,2001,12(4):445-449.

实验四　酸性废水过滤中和实验

一、实验目的

（1）了解滤率与酸性废水浓度、出水 pH 之间的关系。

（2）掌握酸性废水过滤中和处理的原理与工艺。

（3）了解鼓风曝气吹脱对去除水中游离 CO_2 的效果。

二、实验原理

酸性废水流过碱性滤料时与滤料进行中和反应的方法称为过滤中和法。过滤中和法与投药中和法相比,具有操作方便、运行费用低、劳动条件好及产生沉渣少(是废水量的0.5%)等优点,但不适用于中和高浓度酸性废水。

工厂排放的酸性废水可分为三类:① 含有强酸(如 HCl、HNO_3)的废水,其钙盐易溶于水;② 含有强酸(如 H_2SO_4)的废水,其钙盐微溶于水;③ 含有弱酸(如 CO_2、CH_3COOH)的废水。

碱性滤料主要有石灰石、白云石和大理石等。其中,石灰石和大理石的主要成分是 $CaCO_3$,而白云石的主要成分是 $CaCO_3 \cdot MgCO_3$。石灰石的来源较广,价格便宜,因而是最常用的碱性滤料。

中和第一类酸性废水,各种滤料均可采用,反应后生成易溶于水的盐类而不沉淀。但废水中酸的浓度不能过高,否则滤料消耗快,给处理造成一定的困难,其极限浓度为 20 g/L。中和第二类酸性废水时,如采用石灰石滤料,因反应后生成的钙盐微溶于水,会附着在滤料表面,阻碍滤料和酸的接触,减慢中和反应速率,因此极限浓度应根据实验确定,若无实验资料,可采用 3 g/L;如用白云石滤料,由于生成的 $MgSO_4$ 溶解度很大,产生的沉淀仅为石灰石的一半,因而废水中 H_2SO_4 浓度可采用 5 g/L,但白云石反应速率较石灰石慢,这影响了它的应用。中和第三类酸性废水时,弱酸与碳酸盐反应速率很慢,滤速应适当减小。

当采用石灰石为滤料时,其中和反应的化学方程式如下:

$$2HCl + CaCO_3 \longrightarrow CaCl_2 + H_2O + CO_2 \uparrow$$

$$2HNO_3 + CaCO_3 \longrightarrow Ca(NO_3)_2 + H_2O + CO_2 \uparrow$$

$$H_2SO_4 + CaCO_3 \longrightarrow CaSO_4 \downarrow + H_2O + CO_2 \uparrow$$

当 H_2SO_4 浓度在 $2 \sim 5$ g/L 范围内,用白云石作滤料时,反应的化学方程式如下:

$$2H_2SO_4 + CaCO_3 \cdot MgCO_3 \longrightarrow CaSO_4 \downarrow + MgSO_4 + 2H_2O + 2CO_2 \uparrow$$

过滤中和设备主要有重力式中和滤池、等速升流式膨胀中和滤池和变速升流式膨胀中和滤池三种。重力式普通中和滤池滤料粒径大(30~80 mm),滤速慢(小于 5 m/h),故体积庞大,处理效果较差。等速升流式膨胀中和滤池滤料粒径小(0.5~3 mm),滤速快(50~70 m/h),水流由下向上流动,使滤料相互碰撞摩擦,表面不断更新,故处理效果好,沉渣量也少。变速升流式膨胀中和滤池是一种倒锥形变速中和塔,滤料粒径为 0.5~6 mm,下部的大滤料在大滤速条件下工作,上部的小滤料在小滤速条件下工作,从而使滤料层不同粒径的颗粒都能均匀地膨胀,因而大颗粒不结垢或少结垢,小颗粒不至于流失。变速升流式膨胀池的中和效果优于前两种滤池,但建造费用也较高。本实验采用等速升流式膨胀中和柱。

实验装置由 4 根酸性废水中和柱并联组成,进行 4 组实验。酸性废水中和柱的处理方式如图 2-3 所示,是一个升流式膨胀滤池,它可以改善废水的中和过滤。当滤料的颗粒较细(<3 mm),废水上升滤速较高(50~70 m/h)时,作为中和剂的滤层膨胀,颗粒间相互碰撞摩擦,有助于防止颗粒表面结壳。废水从池底进入,从池顶圆周上的堰溢出,出水饱含 CO_2,pH 接近 4.5,曝气后,pH 上升到 6 以上。

中和柱内放置的滤料有石灰石、大理石和白云石,最常用的是石灰石。

三、实验装置及设备

1. 实验装置

实验装置由水箱、水泵、滤料层和滤柱等组成,如图 2-3 所示。装置外形总尺寸:800 mm×500 mm×1 300 mm。

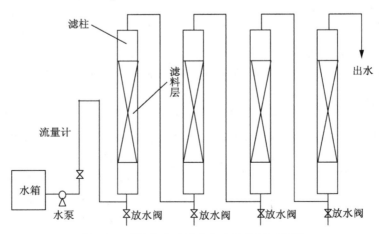

图 2-3 酸性废水过滤中和实验装置示意图

2. 实验设备

(1) 中和柱：尺寸 ϕ 80 mm×1 000 mm，数量 4 根，中和柱内滤料层高度 700 mm。

(2) pH 计：1 台。

(3) 秒表：1 块。

(4) 测定酸度的仪器装置：1 套。

四、实验步骤

(1) 将粒径为 0.5～3 mm 的石灰石装入中和柱，装料高度为 0.8 m 左右。

(2) 用工业硫酸或盐酸配制成一定浓度的酸性废水（各组配制的浓度应不同，在 0.1%～0.3% 之间），并取 200 mL 水样测定 pH 和酸度。

(3) 启动水泵，将酸性废水提升到高位水箱。

(4) 调节流量，同时在出流管出口处用体积法测定流量，每组完成 4 个滤率的实验，建议滤率采用 40 m/h、60 m/h、80 m/h、100 m/h，观察中和过程出现的现象。

(5) 稳定 5 min 后，用 250 mL 具塞玻璃取样瓶取出水样，测定每种滤率出水的 pH 和酸度，测定滤率为 100 m/h 时出水的游离 CO_2。

五、数据记录与处理

(1) 记录实验设备及操作基本参数：

实验日期：_____ 年 _____ 月 _____ 日

过滤中和柱：

直径 $d=$ _____ cm　　　面积 $A=$ _____ cm^2

滤料高度 $h=$ _____ m　　滤料体积 $V=$ _____ cm^3

酸性废水浓度 $c_0=$ _____ mmol/L　　　pH＝_____

(2) 过滤中和实验数据参考记录：

将实验数据记入表 2-6。

表 2-6　过滤中和实验数据记录表

测定量	时间 t/s（或 min）					
	体积 V/L					
	流量 Q/(L/min)					
滤率 $\left(\dfrac{Q}{A}\right)$/(m/h)						
pH						
酸度 c_i/(mmol/L)						
中和效率 $\left(\dfrac{c_0-c_i}{c_0}\times100\%\right)\Big/\%$						
膨胀高度						

六、注意事项

(1) 取中和和吹脱后出水水样时，应用瓶子取满水样，以免 CO_2 释出，影响测定结果。

(2) 学生人数较多时，可以安排部分学生做不同装料深度的同类实验，以观察石灰石

滤床深度与滤率的关系。

七、问题讨论

（1）根据实验说明过滤中和法的处理效果与哪些因素有关。

（2）分析实验结果及实验中出现的现象。

（3）制订一个确定处理单位流量某浓度酸性废水所需要的滤料数量的实验方案。

八、知识链接

通常把含酸量在 3％ 以上的高浓度含酸废水称为废酸液。对于废酸液，应考虑回收利用的可能性，如用扩散渗透法回收钢铁酸性废液中的硫酸。当酸浓度不高（低于 3％）时，回收利用意义不大，可采用中和法处理。目前常用的中和方法有酸碱废水中和法、药剂中和法及过滤中和法三种。过滤中和法具有设备简单、造价便宜、不需投加药剂、耐冲击负荷等优点，故在生产中应用很多。由于过滤中和时，废水在滤池中的停留时间、滤率与废水中酸的种类、浓度等有关，所以常常需要通过实验来确定滤率、滤料消耗量等参数，以便为工艺设计和运行管理提供依据。

九、参考文献

[1] 陈泽堂. 水污染控制工程实验[M]. 北京：化学工业出版社，2003.

[2] 章非娟，徐竟成. 环境工程实验[M]. 北京：高等教育出版社，2006.

[3] 卞文娟，刘德启. 环境工程实验[M]. 南京：南京大学出版社，2011.

实验五　普通快滤池过滤实验

一、实验目的

（1）通过对有机玻璃装置直接的观察，加深对组成普通快滤池各个部分的了解。

（2）掌握普通快滤池过滤和反冲洗运转操作的方法。

（3）加深对滤速、冲洗强度、滤层膨胀率、初滤水浊度的变化、冲洗强度与滤层膨胀率关系的理解。

二、实验原理

原水经过沉淀后，水中尚残留一些细微的悬浮杂质，需用过滤的方法除去。过滤就是以具有孔隙的粒状滤料层（如石英砂）截留水中杂质，从而使水澄清的工艺过程。过滤水的浊度应不超过 3 mg/L（新标准要求不超过 1 mg/L）。

过滤对供应生活饮用水的水厂来说是不可缺少的。

快滤池滤料层能截留粒径远比滤料孔隙小的水中杂质，主要利用接触絮凝作用，其次为筛滤作用和沉淀作用。要想过滤出水水质好，除了滤料组成须符合要求外，沉淀前或滤前投加混凝剂也是必不可少的。

当过滤水头损失达到最大允许水头损失时，滤池需进行冲洗。少数情况下，虽然水头损失未达到最大允许值，但如果滤池出水浊度超过规定，也需进行冲洗。冲洗强度需满足底部滤层恰好膨胀的要求。根据运行经验，冲洗排水浊度降至 10～20 度以下可停止冲洗。

普通快滤池构造如图 2-4 所示，滤池内从下到上由大阻力配水系统、承托层、滤料层和排水槽等组成，每个滤池包括 4 个阀门（进水阀、排水阀、冲洗水阀和清水阀）。过滤时打开进水阀,水流从上到下穿过滤池,水中悬浮颗粒被滤料截住,清洁水由清水阀排出。当滤料堵塞严重,出水水质变差时,停止过滤,关闭进水阀和清水阀,反冲洗开始。此时打开冲洗水阀,冲洗水从滤池底部进入,自下而上穿过滤池,由于冲洗强度大到足以使滤层膨胀,从而将滤料间的杂质带入水流中,打开排水阀,冲洗水经排水槽排出池外。

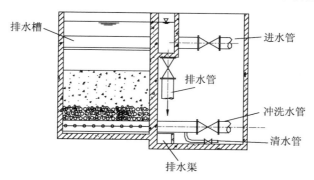

图 2-4　普通快滤池实验装置示意图

三、实验装置及设备

1. 实验装置

普通快滤池实验装置如图 2-4 所示。本体包括单个普通快滤池的全部组成,如池体、大阻力配水系统、承托层、滤料层、排水槽、进出水管道和阀门、反冲洗进出水管道和阀门等。

配套装置有配水箱(1 个)、反冲洗水箱(1 个)、自吸式离心泵(1 台)、流量计(1 个)、反冲洗系统(1 套)、不锈钢实验台架(1 个)等。

2. 技术指标

(1) 进水管:DN15 mm。

(2) 反冲洗管:DN32 mm。

(3) 装置分为三格。

(4) 处理水量:$\geqslant 1 \ m^3/h$。

(5) 功率:900 W(220 V)。

3. 实验设备及试剂

(1) 台秤。

(2) 烘箱。

(3) 酸度计。

(4) 浊度仪。

(5) 硫酸铝。

四、实验步骤

(1) 对照模型熟悉各部件的作用及操作方法。

(2) 启泵通水,检查设备是否有漏气、漏水之处。

(3) 运行前测定其原水浊度及 pH,并记录在表 2-7 中。

(4) 按滤速 $v=8\sim12 \ m/h$ 进行过滤实验,启泵调整转子流量计及阀门,使流量 Q 等于计算值。

（5）运行时观察水位变化情况，连续运行 30 min 即可停止。

（6）利用人工强制冲洗法做反冲洗实验。

（7）30 min 后测定出水浊度及 pH 并记录在表 2-7 中。

（8）实验完毕，关闭水泵。

五、数据记录与处理

将实验数据记入表 2-7。

表 2-7　过滤记录表

原水水温：		pH：		
滤速/(m/h)	过滤历时/min	进水浊度	出水浊度	pH
8	5			
	10			
	15			
	20			
	25			
	30			
12	5			
	10			
	15			
	20			
	25			
	30			

六、注意事项

（1）用筛子筛分滤料时不要用力拍打筛子。

（2）反冲洗滤料时，不要使进水阀门开启度过大，应缓慢打开，以防滤料冲出柱外。

（3）在过滤实验前，滤层中应保持一定水位，不要把水放空以免过滤实验时测压管中积存空气。

七、问题讨论

（1）滤层内有空气泡对过滤、冲洗有何影响？

（2）当原水浊度一定时，采取什么措施能降低初滤水出水浊度？

（3）冲洗强度为何不宜过大？

八、知识链接

过滤是以具有孔隙的粒状滤料层（如石英砂等）截留水中杂质，从而使水澄清的工艺过程。过滤主要有砂滤、硅藻土涂膜过滤、烧结管微孔过滤、金属丝编织物过滤等方式，其滤池也有多种形式，以石英砂作为滤料的普通滤池使用历史最悠久。过滤的作用主要有：① 去除化学和生物过程未能去除的微细颗粒和胶体物质，提高出水水质；② 提高悬浮固体、浊度、磷、BOD、COD、重金属、细菌、病毒等的去除率;③ 强化后续消毒效果,由于提高了悬浮物和其他干扰物质的去除率,因而可降低消毒剂的用量;④ 使后续离子交换、吸附、膜过程等处理装置免于经常堵塞,并提高它们的处理效率。

九、参考文献

[1] 孟玉. 连续砂过滤工艺及其在水处理中的应用[J]. 中国资源综合利用,2006,24(10):21-23.

[2] 张莉平,黄廷林,李玉仙. 强化过滤给水处理技术[J]. 陕西师范大学学报:自然科学版,2005,33(Z1):79-81.

实验六　圆形曝气池曝气实验

一、实验目的

(1)通过实际操作与观察了解圆形曝气池的内部构造及工作原理,认识到水污染控制技术在实际工程中的应用。

(2)加深对设计的目的、方法、步骤的理解,锻炼实际操作能力,积累设计经验,为以后真正投入实际工作奠定扎实的理论基础。

二、实验原理

活性污泥法是当前活水生物处理技术领域应用最广泛的技术之一,它采取必要的人工措施,创造适宜的条件,向反应器——曝气池中提供足够的溶解氧,满足活性污泥微生物生化作用的需要,并使有机物、微生物、溶解氧三相充分混合,从而强化活性污泥微生物的新陈代谢作用,加速它对水中有机物的降解,以达到净化水体的目的。活性污泥法处理技术的实质是对水体自净作用的人工模拟及强化。

1. 活性污泥净化反应过程

在活性污泥处理系统中,有机污染物被活性污泥微生物摄取、代谢、利用的过程,即经过了“活性污泥反应过程”。经过这一过程后,污水得到净化,微生物获得能量而合成新细胞,使活性污泥得到增长。活性污泥净化反应过程由以下两个阶段组成:

(1)初期吸附作用:活性污泥有很强的吸附能力,可以在较短的时间内在物理吸附和生物吸附的共同作用下将污水中的有机物凝聚和吸附而去除。

(2)微生物代谢作用:吸附在活性污泥中的有机物在一系列酶的作用下被微生物摄取,有机物得到降解去除,微生物自身得到繁殖增长。

2. 影响活性污泥净化反应的主要因素

(1)营养物质:BOD:N:P=100:5:1。

(2)溶解氧含量:通常在出口处溶解氧浓度不低于 2 mg/L。

(3)pH:通常最佳 pH 介于 6.5~8.58 之间。

(4)水温:通常是 15 ℃~35 ℃。

(5)有毒物质:对微生物生理活动具有抑制作用的无机物和有机物。

3. 活性污泥处理系统的运行方式

在以完全混合方式运行的活性污泥处理系统中,可以认为污水或回流的污泥进入曝

气池后,立即与池内已经处理而未被泥水分离的处理水充分混合。这种运行方式主要有以下几个特点:

(1) 对冲击负荷有较强的适应能力,适于处理浓度较高的工业废水。

(2) 污水在曝气池内均匀分布,各部位水质相同,污泥负荷(F/M)值相等,微生物群体的组成和数量几近一致。

(3) 相对于推流式活性污泥处理方式,污泥负荷率较高。

(4) 相对于推流式活性污泥处理方式,曝气池内混合液的需氧速度均衡,动力消耗较低。

三、实验装置及设备

1. 实验装置

本装置采用完全混合式曝气池,曝气池呈圆形,二沉池与曝气池合建,回流污泥由污泥回流缝回流。如图 2-5 所示,装置本体由曝气区、导流区、污泥沉淀区、出水槽、出水管、进水管、排泥斗、排泥管、挡流板、放空管、机械曝气装置等组成。其中,PVC 配水箱 1 个,不锈钢潜水泵 1 台,曝气叶轮 1 个,200 W 直流电机 1 台,可控硅调速器 1 台,进水流量计 1 个,曝气深度调节装置 1 套,集泥斗 2 个,全不锈钢台架 1 套,电源线、电器开关、插座等 1 套,底部防水板 1 块,连接的水管、阀门等 1 套。

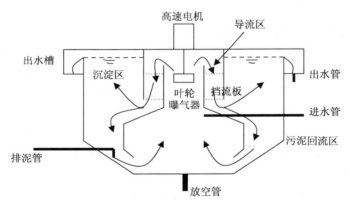

图 2-5 圆形曝气法曝气装置示意图

2. 技术指标

(1) 环境温度:5 ℃～40 ℃。

(2) 处理水量:10～20 L/h。

(3) 污泥回流比:25%～100%。

(4) 污泥龄:5～15 天。

(5) 水在池中曝气停留时间:4～6 h。

(6) 电源:220 V,300 W。

(7) 池体尺寸:直径×高度=φ 600 mm×500 mm。

(8) 总尺寸(约):长×宽×高=1 600 mm×700 mm×1 800 mm。

3. 实验设备及试剂

(1) 电子天平。

（2）烘箱。

（3）COD 测定装置。

（4）DO 测定仪。

（5）污水水样（COD 1 000 mg/L）：称取 0.850 2 g 邻苯二甲酸氢钾溶于蒸馏水中，转入 1 000 mL 容量瓶中稀释至标线。

（6）水样（COD 300～400 mg/L）：每升水样可称取 0.3 g 邻苯二甲酸氢钾加入水中。

（7）测 COD 用试剂。

四、实验步骤

（1）对活性污泥进行培养和驯化。有条件的地方最好由已运行的活性污泥池接种；如没有这样的条件，也可以自己培养。污泥培养成熟后，应用实验中待处理的污水进行驯化，使污泥中的菌种得到优化，以适应该种水的处理要求。

（2）将待处理污水注入水箱，将污泥装入曝气池中。

（3）用容积法调节进水流量，使流量介于 0.5～0.7 mL/s 之间。

（4）认真观察曝气池中的气水混合、污泥在二沉池中的沉淀过程，以及污泥从二沉池向曝气池回流的情况。若池中混合不好，可以适当加大曝气量；若二沉池中污泥沉淀不理想，应稍微减小污泥的回流量。

（5）测定曝气池内水温、pH 及溶解氧浓度。

（6）用重铬酸钾法测定进、出水 COD 值。

五、数据记录与处理

根据测定的进、出水 COD 浓度计算在给定条件下的有机底物除解率：

$$\eta = \frac{S_a - S_e}{S_a} \times 100\% \tag{2-9}$$

式中，S_a 为进水 COD 质量浓度，mg/L；S_e 出水 COD 质量浓度，mg/L。

将实验数据填入表 2-8。

表 2-8　COD 数据记录

水温 /℃	pH	进水流量 /(mL/s)	DO /(mg/L)	进水 COD /(mg/L)	出水 COD /(mg/L)	曝气池混合液 MLSS/(mg/L)

六、注意事项

（1）由于在曝气池中各部位活性污泥或有机污染物完全相同，微生物对有机物的降解动力低下，因此，活性污泥十分容易产生膨胀。

（2）相对于推流运行方式，完全混合活性污泥法处理水的水质稍差。

七、问题讨论

（1）简述完全混合曝气池的优点和缺点。

（2）影响活性污泥法处理系统的因素有哪些？

（3）污泥负荷的含义及在实际应用中的意义是什么？

（4）何为活性污泥处理法？活性污泥净化反应的实质是什么？

八、知识链接

圆形合建式完全混合曝气池，即曝气区、导流区和污泥沉淀区三部分合建在一起的生化处理器。该曝气池的特点为：承受冲击负荷的能力强，池内混合液能对废水起稀释作用，对高峰负荷起削弱作用；由于全池需氧要求不同，能节省动力；不需要单独设污泥回流系统；回流污泥新鲜，具有较高活性，耗电量少，生化降解能力高。

九、参考文献

［1］程胜利.射流曝气系统在深水曝气池中的应用[J].中国给水排水，2012,28(22)：75-76,79.

［2］高杨.基于数值计算的曝气池运行工况研究[D].哈尔滨：哈尔滨工业大学，2011.

实验七　活性污泥性质测定实验

一、实验目的

（1）通过实验进一步理解比阻的概念，并掌握测定污泥比阻的实验方法。

（2）掌握用布氏漏斗实验选择混凝剂的方法。

（3）掌握确定投加混凝剂数量的方法。

（4）通过比阻测定评价污泥脱水性能。

二、实验原理

污泥脱水是依靠过滤介质（多孔性物质）两面的压差作为推动力，使水强制通过过滤介质，固体颗粒被截留在介质上，达到脱水的目的。本实验采用抽真空的方法形成压差，并用调节阀调节压力，使整个实验过程压差恒定。

过滤开始时滤液只需克服过滤介质的阻力，当滤饼逐步形成后，滤液还需克服滤饼本身的阻力。滤饼按性质可分为两类：一类为不可压缩性滤饼，如沉砂、初沉池污泥和其他无机污泥；另一类为可压缩性滤饼，如活性污泥，在压力的作用下污泥会变形。

1. 污泥脱水

将污泥的含水率降到85％以下的操作叫污泥脱水。污泥经脱水后具有固体特性（成块或饼状），便于运输和最终处理。常用的脱水方法有真空过滤、压滤、离心等。污泥机械脱水是以过滤介质两面的压差作为动力，达到泥水分离和污泥浓缩的目的。

影响污泥脱水的因素较多，主要有：污泥浓度（或含水率）、污泥种类及性质、污泥预处理方法、压差、过滤介质种类和性质。

过滤基本方程式为

$$\frac{t}{V} = \frac{\mu r \omega}{2pA^2} V \tag{2-10}$$

式中，t 为过滤时间，s；V 为滤液体积，m³；p 为压力（真空度），Pa；A 为过滤面积，m² 或 cm²；μ 为滤液的动力黏滞系数，Pa·s；ω 为过滤单位体积的滤液在过滤介质上截留的固体质量，kg/m³；r 为比阻，s²/g 或 m/kg。

　　过滤基本方程式给出了在压力一定的条件下,滤液体积 V 与时间 t 的函数关系,指出了过滤面积 A、压力 p、污泥性能 ω 和 γ 值对过滤的影响。

　　2. 污泥比阻及其测定方法

　　污泥比阻 r 是表示污泥过滤特性的综合性指标,它的物理意义是单位质量的污泥在一定压力下过滤时在单位过滤面积上产生的阻力,即单位过滤面积上滤饼单位干重所具有的阻力。求此值的作用是比较不同的污泥(或同一种污泥加入不同量的混凝剂后)的过滤性能。污泥比阻愈大,过滤性能愈差。

　　将过滤基本方程式改写为

$$\frac{t}{V} = bV \tag{2-11}$$

则

$$r = \frac{2pA^2}{\mu} \cdot \frac{b}{\omega} \tag{2-12}$$

　　以抽滤实验为基础,测定一系列的 $t - V$ 数据,即测定不同过滤时间 t 时的滤液量 V,并以滤液量 V 为横坐标,以 t/V 为纵坐标作图,所得直线斜率为 b。然后由式(2-12)即可计算出新测污泥的比阻 r。

　　ω 的求法:根据所设定义有

$$\omega = \frac{(Q_0 - Q_y)c_b}{Q_y} \quad (滤饼干重/滤液) \tag{2-13}$$

式中,Q_0 为过滤污泥量,mL;Q_y 为滤液量,mL;c_b 为滤饼固体浓度,g/mL。

　　一般认为比阻在 $10^9 \sim 10^{10}$ s²/g 的污泥难以过滤,比阻小于 0.4×10^9 s²/g 的污泥容易过滤。在污泥脱水中,往往要进行化学调理,即采用向污泥中投加混凝剂的方法降低污泥的比阻 r 值,改善污泥脱水性能。所以污泥的性质,混凝剂的种类、浓度、投加量,以及反应时间等均影响化学调理的效果。在相同实验条件下,可选择不同的药剂、投加量和反应时间,通过污泥比阻实验确定最佳的脱水条件。

三、实验装置及设备

　　1. 实验装置

　　污泥比阻测定装置如图 2-6 所示。其中,真空泵 1 台,计量筒 4 个,抽气接管 4 套,布氏漏斗 4 个,吸滤筒 1 个,真空表 1 只,实验台架 1 套,连接管道、电源开关等 1 套。

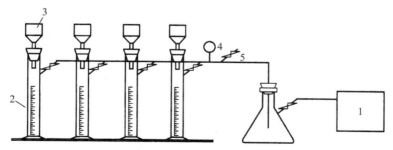

1—真空泵;2—计量筒;3—布氏漏斗;4—真空表;5—抽气接管。

图 2-6　污泥比阻测定装置示意图

整体外形尺寸：1 000 mm×400 mm×1 300 mm。

每次测定污泥用量：50～100 mL；真空压力：35.5～70.9 kPa；测定时间：20～40 min。

吸滤筒尺寸：直径×高度＝ϕ150 mm×250 mm。

2. 实验设备及试剂

(1) 烘箱。

(2) $FeCl_3$。

(3) 聚丙烯酰胺。

四、实验步骤

(1) 测定污泥的含水率，求出其固体浓度 c_0。

(2) 配制 $FeCl_3$（10 g/L）混凝剂或聚丙烯酰胺（0.3%）絮凝剂。

(3) 调节污泥（每组加一种混凝剂），采用 $FeCl_3$ 混凝剂时，投加量分别为干污泥质量的 0（不加混凝剂）、2%、4%、6%、8%、10%；采用聚丙烯酰胺时，投加量分别为干污泥质量的 0、0.1%、0.2%、0.5%。

(4) 在布氏漏斗（直径 65～80 mm）上放置滤纸，用水润湿，贴紧周边。

(5) 开动真空泵，调节真空压力，大约比实验压力小 1/3[实验时真空压力采用 266 mmHg（35.46 kPa）或 532 mmHg（70.93 kPa）]时关掉真空泵。

(6) 加入 100 mL 污泥于布氏漏斗中，开动真空泵，调节真空压力至实验压力；开始启动秒表，并记下开动时计量管内的滤液量 V_0。

(7) 每隔一段时间（开始过滤时可每隔 10 s 或 15 s，滤速减慢后可每隔 30 s 或 60 s）记下计量管内相应的滤液量。

(8) 一直过滤至真空破坏；如真空长时间不破坏，则过滤 20 min 后即可停止。

(9) 关闭阀门，取下滤饼放入称量瓶内称量。

(10) 称量后的滤饼于 105 ℃的烘箱内烘干称量。

(11) 计算出滤饼的含水率，求出单位体积滤液的固体量 ω。

五、数据记录与处理

(1) 测定并记录实验基本参数，记录格式如下：

原污泥的含水率（%）：_____；原污泥的固体浓度（mg/L）：_____。

不加混凝剂时滤饼的含水率（%）：_____；加混凝剂时滤饼的含水率（%）：_____。

实验真空度（mmHg）：_____。

(2) 将布氏漏斗实验所得数据记入表 2-9 并计算。

表 2-9　布氏漏斗实验所得数据记录表

时间/s	计量管滤液量 V'/mL	滤液量 $V=V'-V_0$/mL	$\dfrac{t}{V}$/(s/mL)	备注

（3）以 t/V 为纵坐标，V 为横坐标作图，其直线斜率为 b，求出 b。

（4）根据原污泥的含水率及滤饼的含水率求出 ω。

（5）列表计算比阻值。

（6）以比阻为纵坐标，混凝剂投加量为横坐标作图，求最佳投加量。

六、注意事项

（1）实验前应检查计量管与布氏漏斗之间是否漏气。

（2）滤纸称量烘干，放到布氏漏斗内，要先用蒸馏水湿润，再用真空泵抽吸一下，滤纸要贴紧，不能漏气。

（3）污泥倒入布氏漏斗内时，有部分滤液流入计量筒，所以正常开始实验后记录量筒内滤液体积。

（4）污泥中加混凝剂后应充分混合。

（5）在整个过滤过程中，真空度确定后应始终保持一致。

七、问题讨论

（1）判断生污泥、消化污泥脱水性能好坏，分析其原因。

（2）测定污泥比阻在工程上有何实际意义？

八、知识链接

污泥比阻（或称比阻抗）是表示污泥脱水性能的综合性指标。污泥比阻越大，脱水性能越差；反之，脱水性能越好。污泥比阻是单位过滤面积和单位干重滤饼所具有的阻力，在数值上等于黏度为 1 时，滤液通过单位泥饼产生单位滤液流率所需要的压差。在污泥中加入混凝剂、助滤剂等化学药剂，可使比阻降低，脱水性能改善。

九、参考文献

［1］陈泽堂. 水污染控制工程实验［M］. 北京：化学工业出版社，2003.

［2］许晓路，申秀英. 活性污泥法在工业废水处理中的应用进展［J］. 环境科学进展，1994,2(1)：58－65.

实验八　气浮实验

一、实验目的

（1）加深对基本概念及原理的理解。

（2）掌握加压溶气气浮实验方法，并能熟练操作各种仪器。

（3）通过对实验系统的运行，掌握加压溶气气浮法的工艺流程。

二、实验原理

加压溶气气浮法的工艺流程如图 2-7 所示。目前以图 2-7(c)所示部分处理水回流加压溶气气浮工艺应用最为广泛。

进行气浮时，用水泵将污水抽送至压力为 2～4 个大气压的溶气罐中，同时注入加压空气。空气在罐内溶解于加压的清水或经处理的回流水中，然后使经过溶气的水（溶气水）通过减压阀（或释放器）进入气浮池，此时由于压力的突然降低，溶解于加压的水中的空气便以微气泡的形式从水中释放出来。微细的气泡在上升的过程中附着于悬浮颗粒

上,使颗粒的密度减小,上浮到气浮池的表面与水分离,从而使杂质从水中去除。

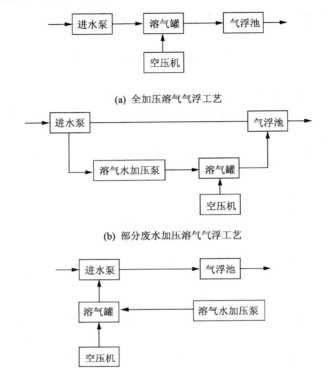

(a) 全加压溶气气浮工艺

(b) 部分废水加压溶气气浮工艺

(c) 部分处理水回流加压溶气气浮工艺

图 2-7   加压溶气气浮法的工艺流程图

三、实验装置及设备

1. 实验装置

加压溶气气浮实验装置如图 2-8 所示。

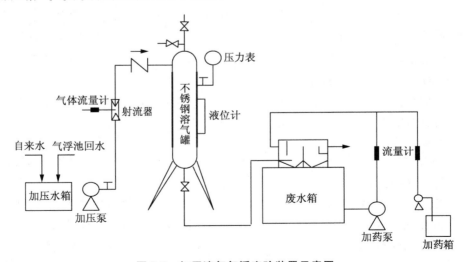

图 2-8   加压溶气气浮实验装置示意图

本实验装置的配置：絮凝反应室，气浮反应室，泥水分离室，回流加压水箱1个，污水池1个，进水泵1台，不锈钢溶水加压泵1台，射流器1套，不锈钢溶气罐1个，溶气释放器1个，平流式气浮池1个，气体转子流量计1个，液体转子流量计1个，压力表1只，水位表1只，电动刮渣机1套，加药箱1个，加药泵1台，加药流量计1个，不锈钢台架1套，电器控制箱、开关、连接管道、阀门等1套。

2. 技术指标

（1）处理水量：0.1～0.3 m³/h。

（2）水力停留时间：0.25～1 h。

（3）溶气压力：0.3～0.4 MPa。

（4）处理效率：给水去除浊度＜15 NTU。

（5）回流比：30%。

（6）整体外形尺寸：长×宽×高＝1 500 mm×450 mm×1 600 mm。

3. 实验设备及试剂

（1）硫酸铝。

（2）废水（如造纸废水等）或人工配水。

（3）水质（SS）分析所需的器材及试剂。

四、实验步骤

（1）首先检查气浮实验装置是否完好。

（2）把自来水加到回流加压水箱与气浮池中，至有效水深的90%高度。

（3）将含有悬浮物或胶体的废水加到废水配水箱中，投加硫酸铝等混凝剂后搅拌混合（投药量由混凝实验确定）。

（4）开动空压机加压，加压至3 MPa。

（5）开启加压水泵，开始往溶气罐中注水。

（6）待溶气罐中的水位升至液位计中间高度时，缓慢地开启释放器的闸阀，调节气浮水量。

（7）待空气在气浮池中释放并形成大量微小气泡时，再打开废水配水箱，废水进水量可按4～6 L/min控制。

（8）开启射流器，使空气进入溶气罐，调节至液气平衡。但考虑到加压溶气罐及管道中难免漏气，其空气量可按水面在溶气罐内的液面中间部分控制，多余的空气可以通过其顶部的排气阀排出。

（9）测定废水与处理水的水质（SS）变化。

（10）改变进水量、溶气罐内的压力、加压水量等，重复步骤（5）～（8），测定处理水的水质。

五、数据记录与处理

（1）根据实验设备尺寸与有效容积，以及水和空气的流量，分别计算溶气时间、气浮时间、气固比等参数。

（2）计算不同运行条件下，废水中污染物（以悬浮物表示）的去除率，以去除率为纵坐标，以某一运行参数（如溶气罐的压力、气浮时间或气固比等）为横坐标，作出污染物去除率与其运行参数之间的定量关系曲线。

（3）分别计算 COD、SS 值及含油量去除率 E，将数据记录于表 2-10。

$$E = \frac{c_0 - c}{c_0} \times 100\% \tag{2-14}$$

式中，c_0 为废水 COD、SS 值或含油量浓度值，mg/L；c 为处理水 COD、SS 值或含油量浓度值，mg/L。

表 2-10 实验数据记录表

进水或出水	COD/(mg/L)	悬浮物浓度 SS 值/(mg/L)	含油量去除率
进水			
出水			

六、注意事项

（1）气浮压力必须保持在 $0.3 \sim 0.5$ MPa。气浮压力低于 0.3 MPa 时将产生回流，此时需释放压力，重新启动设备。

（2）水箱必须加满，或水位至少高于加压水泵出水口，否则水泵中进入空气后无法运行。

（3）释放器若发生堵塞，需开大释放器阀门，对其冲洗。

（4）调节溶气压力时，应调节释放器阀门大小，从而调节溶气压力。

（5）实验结束后，加压溶气需先打开放压阀使其减压，再将气水放空。

七、问题讨论

（1）观察实验装置运行是否正常，气浮池内的气泡是否很微小，若不正常，是什么原因导致的？如何解决？

（2）起泡剂有什么作用？什么时候需要向水中投加起泡剂？

（3）加压溶气气浮法有何特点？

（4）简述加压溶气气浮装置的组成及各部分的作用。

八、知识链接

气浮是一种固液分离技术，它是将水、污染杂质和气泡这样一个多相体系中含有的疏水性污染粒子或附有表面活性物的亲水性污染粒子有选择地从废水中吸附到气泡上，以泡沫形式从水中分离去除的一种操作过程。水中的杂质有些是亲水性的，而有些是疏水性的，亲水性的杂质不易被气泡所吸附，即使能够吸附，形成的气泡杂质混合体也不牢固；而疏水性杂质易于被气泡所吸附，形成牢固而稳定的气泡杂质混合体，从而可以分离去除。

因此，气浮法处理废水（或处理含藻类等饮用水）的实质是气泡和粒子间进行物理吸附，并形成气浮体（气泡＋粒子）上浮分离。加压溶气气浮是将空气在加压条件下溶入水中（在溶气罐内进行），而在常压下析出（在气浮中进行），与污染粒子一起形成气浮体上浮分离。加压气浮是国内外最常用的气浮分离法。

九、参考文献

［1］徐振华，赵红卫，方为茂. 气浮净水技术的理论及应用[J]. 四川化工，2005，8 (4)：49-51.

［2］魏在山，徐晓军，宁平，等. 气浮法处理废水的研究及其进展[J]. 安全与环境学报，2001，1(4)：14-18.

实验九　电渗析实验

一、实验目的

（1）了解电渗析装置的构造及工作原理。

（2）掌握电渗析法除盐技术，求脱盐率及电流效率。

（3）通过实验加深对电渗析除盐工作原理的理解。

二、实验原理

电渗析法的工作原理是在外加直流电场作用下，利用离子交换膜的选择透过性（阳膜只允许阳离子透过，阴膜只允许阴离子透过），使水中阴、阳离子做定向迁移，从而使离子从水中分离的一种物理化学过程。

电渗析装置是由许多只允许阳离子通过的阳离子交换膜 C 和只允许阴离子通过的阴离子交换膜 A 组成的。在阴极与阳极之间将阳膜与阴膜交替排列，并用特制的隔板将两种膜隔开，隔板内有水流的通道。进入淡室的含盐水在两端电极接通直流电源后，即开始了电渗析过程，水中阳离子不断透过阳膜向阴极方向迁移，阴离子不断透过阴膜向阳极方向迁移，结果是含盐水逐渐变成淡水。进入浓室的含盐水由于阳离子在向阴极方向迁移中不能透过阴膜，阴离子在向阳极方向迁移中不能透过阳膜，于是含盐水中因不断增加由邻近淡室迁移透过的离子而变成浓盐水。这样，在电渗析装置中，组成了淡水和浓水两个系统。与此同时，在电极和溶液的界面上，通过氧化、还原反应，发生电子与离子之间的转换，即电极反应。

以食盐水溶液为例，阴极还原反应如下：

$$H_2O \longrightarrow H^+ + OH^- \qquad 2H^+ + 2e^- \longrightarrow H_2 \uparrow$$

阳极氧化反应如下：

$$H_2O \longrightarrow H^+ + OH^- \qquad 4OH^- \longrightarrow O_2 \uparrow + 2H_2O + 4e^- \text{ 或 } 2Cl^- \longrightarrow Cl_2 \uparrow + 2e^-$$

所以，在阴极不断排出氢气，在阳极则不断排出氧气或氯气。此时，阴极室溶液呈碱性，当水中有 Ca^{2+}、Mg^{2+}、HCO_3^- 等离子时，会生成 $CaCO_3$ 和 $Mg(OH)_2$ 水垢，集结在阴极上；而阳极室溶液则呈酸性，对电极造成强烈的腐蚀。

在电渗析过程中，电能的消耗主要用来克服电流通过溶液、膜所受到的阻力以及进行电极反应。运行时，含盐水分别流经浓室、淡室、极室。淡室出水即为淡化水，浓室出水即为浓盐水，极室出水不断排除电极过程的反应物质，以保证渗析的正常进行。

三、实验装置及设备

1. 实验装置

电渗析实验装置如图 2-9 所示。

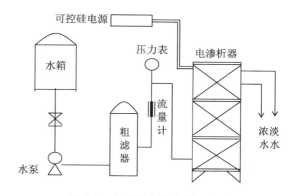

图 2-9　电渗析实验装置示意图

2．技术指标

（1）产水量：100 L/h。

（2）出水水质：以自来水为例，电渗析器除盐率为 80％～85％。

（3）膜对数：120 对，4 级 8 段。

（4）压力：0.15 MPa；使用电压：30～40 V(DC)。

（5）功率：500 W(220 V)。

（6）占地面积：400 mm×800 mm。

3．实验设备

电渗析器 1 只，粗滤器 1 只，淡水管 1 根，浓水管 1 根，电器控制箱 1 只，漏电保护器 1 只，流量计 1 只，耐腐进水泵 1 只，水箱 1 只，水箱搅拌装置 1 套，不锈钢实验台架 1 套，电压表 1 只（0～60 V），按钮开关 2 只，电源线、插头等 1 套。

4．试剂

氯化钠溶液（0.1 mol/L）。

四、实验步骤

（1）电渗析装置运行前的准备工作。

用原水浸泡阴、阳膜，使膜充分伸胀（一般浸泡 48 h 以上），待尺寸稳定后洗净膜面杂质。然后清洗隔板及其他部件，安装好电渗析装置。

（2）开启电渗析装置及其工作过程。

① 开动水泵，同步缓缓地开启流量计，调节流量（记录 Q）并保证压力均衡。

② 待流量稳定后，开启电源，调到相应的控制电压值（30～40 V）。

③ 测定淡水进出口水质。

④ 每隔 10 min 用重量法测定进出水的含盐量（共计要取 5 个样品）。

（3）水中含盐量的分析（重量法测定水中含盐量）。

① 将 2 个陶瓷蒸发皿在 105 ℃的恒温烘箱中烘干，然后取出放在干燥器内冷却至室温，冷却后称量（以达到恒重），记录其质量 W_0。

② 取一定体积的水样（10 mL）放在称量后的蒸发皿中，放在烘箱内（105 ℃）继续烘干，冷却后称重，记录其质量 W。

（4）实验完毕后，关闭所有电源，并将污水排空。

五、数据记录与处理

1．求水中含盐量

$$含盐量(mg/L) = \frac{W - W_0}{V} \times 10^6 \qquad (2\text{-}15)$$

式中，W 为蒸发皿及残渣的总质量，g；W_0 为蒸发皿的质量，g；V 为水样体积，mL。

2．求脱盐率

$$脱盐率 = \frac{c_1 - c_2}{c_1} \times 100\% \qquad (2\text{-}16)$$

式中，c_1 为进口含盐量，mmol/L；c_2 为出口含盐量，mmol/L。

3. 求电流效率

$$电流效率 = \frac{q(c_1 - c_2)F}{1\,000I} \times 100\% \tag{2-17}$$

式中，q 为一个淡水室（相当于一对膜）的出水量，L/s；c_2、c_2 分别为进、出水含盐量，mmol/L；F 为法拉第常数 96 500，C/mol；I 为电渗析装置的实际操作电流，A。

六、注意事项

（1）测试前检查电渗析器的组装及进、出水管路，要求组装平整、正确，支撑良好，仪表齐全，并检查整流器、变压器、电路系统及仪表组装是否正确。

（2）注意电渗析器开始运行时要先通水后通电，停止运行时要先断电后断水，并应保证膜的湿润。

七、问题讨论

（1）水中的阴、阳离子是怎样迁移的？

（2）阴极室的溶液中离子怎样变化？

（3）电渗析装置结构包括哪些部分？

（4）电渗析法除盐与离子交换法除盐各有何优点？适用性如何？

八、知识链接

电渗析是一种膜分离技术，已广泛地用于工业废液回收及水处理领域（如除盐或浓缩等）。电渗析膜由高分子合成材料制成，在外加直流电场的作用下，对溶液中的阴、阳离子具有选择透过性，使溶液中的阴、阳离子在由阴膜及阳膜交替排列的隔室产生迁移作用，从而使溶质与溶剂分离。

九、参考文献

[1] 李长海，党小建，张雅潇. 电渗析技术及其应用[J]. 电力科技与环保，2012，28(4)：27 - 30.

[2] 赵瑞华，凌开成，张永奇. 电渗析废水处理技术[J]. 太原理工大学学报，2000，31(6)：721 - 724.

实验十　膜生物反应器实验

一、实验目的

（1）了解膜生物反应器(MBR)工艺的工作原理。

（2）掌握 MBR 工艺设计和运行的参数。

（3）测定膜生物反应器处理各种污水的效果。

（4）探索防止膜污染的方法和膜清洗的方法。

二、实验原理

本实验设备中进行水处理的模块由预处理和 MBR 处理两大部分组成。预处理包括格栅过滤、曝气沉砂、竖流式沉淀三个单元，对原水进行初级清理，然后进入 MBR 处理模块。MBR 是生物处理技术与膜分离技术相结合的一种新技术，取代了传统水处理工艺中的二沉池。MBR 技术不仅可高效地进行固液分离，而且可以维持高浓度的微生物量，工

艺剩余污泥少,可极有效地去除氨氮,出水悬浮物和浊度接近于零。

本实验中使用的是固液分离型膜生物反应器,这是在水处理领域研究得最为广泛深入的一类膜生物反应器,所用的是一种用膜分离过程取代传统活性污泥法中二次沉淀池的水处理技术。在传统的废水生物处理技术中,泥水分离是在二沉池中靠重力作用完成的,其分离效率依赖于活性污泥的沉降性,沉降性越好,泥水分离效率越高。而污泥的沉降性取决于曝气池的运行状况,改善污泥沉降性必须严格控制曝气池的操作条件,这限制了该方法的适用范围。由于二沉池中固液分离的要求,曝气池的污泥不能维持较高浓度,一般在1.5～3.5 g/L左右,从而限制了生化反应速率。

水力停留时间(HRT)与污泥龄(SRT)相互依赖,提高容积负荷与降低污泥负荷往往形成矛盾。系统在运行过程中还产生了大量的剩余污泥,其处置费用占污水处理厂运行费用的25%～40%。传统活性污泥处理系统还容易出现污泥膨胀现象,出水中含有悬浮固体,出水水质恶化。MBR技术可有效地解决上述问题。

三、实验设备与试剂

1. 实验设备

实验设备主体构成如图 2-10 所示。

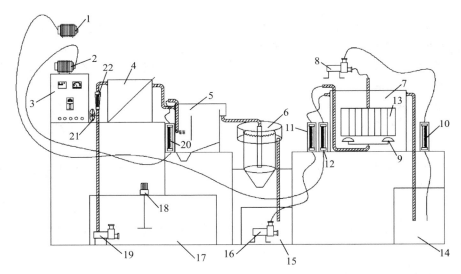

1—曝气风机泵 1;2—曝气风机泵 2;3—电控箱;4—格栅池;5—曝气沉砂池;6—竖流式沉淀池;7—MBR 反应池;8—隔膜泵;9—曝气头;10—出水流量计;11—进水流量计;12—气体流量计(曝气风机泵 1);13—反应膜;14—清水箱;15—中间水箱;16—中间水箱提升泵;17—原水箱;18—搅拌电机;19—原水进水提升泵;20—气体流量计(曝气风机泵 2);21—进水调节阀;22—进水流量计。

图 2-10 实验设备简图

2. 试剂

重铬酸钾标准溶液、试亚铁灵指示剂、硫酸亚铁铵溶液、硫酸-硫酸银溶液。

四、实验步骤

首先必须认清组成装置的所有构建物、设备和连接管路的作用,以及相互之间的关系,了解设备的工作原理。经清水试运行,确认设备动作正常,池体和管路无漏水后,方可开始设备的启动和运行。

（1）开启电控箱上的电源开关,设备接入电源,关闭设备中所有的阀门,准备实验。

（2）在原水箱中注入实验所需量的原水,根据实验需求,加入实验设计的药剂,打开原水箱上的搅拌电机,使药剂与原水充分混合反应。

（3）按下电控箱上的提升泵按钮,原水箱中的废水经加药搅拌后提升进入格栅池,调节进水调节阀,控制原水的处理量。

（4）打开曝气风机泵2,格栅池内的水进入曝气沉砂池,然后进入沉淀池进行沉淀,通过调节气体流量计,可以控制进入曝气沉砂池的气体量。

（5）沉淀池内的水进入中间水箱,按下中间水箱提升泵按钮,将水提升进入 MBR 反应池,利用 MBR 膜进行净化处理。通过调节进水流量计控制进水量和进水速度。

（6）当 MBR 膜完全浸入水样中时,可按下隔膜泵按钮,隔膜泵运行,将通过 MBR 膜净化得到的清水抽入清水箱中。为了确保反应过程中的氧气含量足够,按下曝气风机泵1的按钮,空气通过曝气风机泵1进入反应池,并由曝气头释放出来。调节气体流量计,控制进入反应池的风量的大小,当风量过大时,还可以去除 MBR 膜上的杂质。

（7）实验过程中,可通过检测进出水水质指标,进行实验设备的数据处理。

（8）实验结束后,关闭所有水泵及气泵,打开水箱放空阀,关闭电源开关。

五、数据记录与处理

（1）记录 MBR 反应池内的 MLSS 和 DO 的大小。

（2）列表记录各个进水及各个出水流量下水样的 COD 及磷浓度,并计算相应的去除率。

（3）在上述 MLSS 和 DO 条件下,作出 COD、磷浓度及其各自去除率随流量的变化曲线。

六、注意事项

（1）根据实际运行状态,定期对膜进行清洗即可;过频繁的清洗虽然可提高膜通量,但会降低膜的使用寿命。

（2）适当提升曝气量可使上升的气泡及其产生的紊动水流清洗膜表面,并阻止污泥沉积聚集,保持膜通量稳定。

七、问题讨论

（1）膜生物反应器（MBR）中,能通过中空纤维膜的物质有哪些?

（2）列出 3～5 个膜生物反应器的优点。

八、知识链接

膜生物法和膜生物反应器（MBR）是两个不同的概念。膜生物法是一种技术,而膜生物反应器是应用膜生物法的一种污水处理工艺。

九、参考文献

[1] 王志伟,吴志超. 膜生物反应器污水处理理论与应用[M].北京:科学出版社,2018.

[2] 刘璐.MBR 膜工艺在污水处理中的应用与未来发展趋势[J].资源节约与环保,

2019(11)：60.

[3] 黄霞,曹斌,文湘华,等.膜-生物反应器在我国的研究与应用新进展[J].环境科学学报,2008,28(3)：416-432.

[4] 张国梁.A/O+MBR工艺对煤化工废水处理工程的技术改造[D].上海：华东理工大学,2014.

[5] 魏原青,肖梅娟.膜生物反应器(MBR)在处理生活污水中的优势与劣势[J].科技资讯,2012(34)：103-106.

[6] 王洪,李海波,孙铁衍.膜生物反应器处理回用生活污水的实验研究[J].生态环境,2008,17(2)：484-488.

实验十一　铁碳微电解处理苯酚废水实验

一、实验目的

(1) 了解铁碳微电解作用的原理。

(2) 比较铁碳微电解在不同条件下的处理效果。

二、实验原理

在难降解工业废水的处理技术中,微电解技术正日益受到重视,并已在工程实际中应用。铁碳微电解法的原理是利用铁、碳颗粒之间存在的电位差,形成无数个细微原电池,这些细微电池以电位低的铁为阴极,电位高的碳为阳极,在含有酸性电解质的水溶液中发生电化学反应,反应的结果是铁受到腐蚀变成二价的铁离子进入溶液。

为了避免进入水中的铁离子产生二次污染,将反应的出水调节pH到9左右,铁离子与氢氧根离子作用形成具有混凝作用的氢氧化亚铁,它与溶液中带微弱负电荷的微粒异性相吸,形成比较稳定的絮凝物(也叫铁泥)而去除。

具体的作用机理可归纳如下：

1. 氢的还原作用

从电极反应中得到的新生态氢具有较大的活性,能与废水中的许多有机组分发生氧化还原作用。

2. 铁的还原作用

铁是活泼金属,在酸性条件下,它的还原能力能使某些有机物被还原为还原态。

3. 铁离子的混凝作用

从阳极得到的Fe^{2+}在有氧和碱性条件下,会生成$Fe(OH)_2$和$Fe(OH)_3$,反应如下：

$$Fe^{2+} + 2OH^- = Fe(OH)_2$$

$$4Fe^{2+} + 8OH^- + O_2 + 2H_2O = 4Fe(OH)_3$$

生成的$Fe(OH)_2$是一种高效的絮凝剂,具有良好的脱色、吸附作用。而生成的$Fe(OH)_3$也是一种高效胶体絮凝剂,它比一般通过药剂水解法得到的$Fe(OH)_3$吸附能力强,可强烈吸附废水中的悬浮物、部分有色物质及微电解产生的不溶物。

4. 电化学腐蚀作用

废铁屑为铁-碳合金,当其浸没在废水中时,由于碳的电位高,铁的电位低,就构成一

完整的微电池回路,发生微电解反应。电解反应如下:

阳极(Fe):$Fe - 2e^- \longrightarrow Fe^{2+}$　　　　　　$E_0(Fe^{2+}/Fe) = -0.44\ V$

阴极(C):$2H^+ + 2e^- \longrightarrow 2[H] \longrightarrow H_2$　　$E_0(H^+/H_2) = 0.00\ V$

有氧气时:$O_2 + 4H^+ + 4e^- \longrightarrow 2H_2O$　　$E_0(O_2) = 1.23\ V$(酸性介质)

$O_2 + 2H_2O + 4e^- \longrightarrow 4OH^-$　　　　$E_0(O_2/OH^-) = 0.40\ V$(中性或碱性介质)

在处理废水时,生成的 Fe^{2+} 对废水处理有重要的意义,它能将废水中的有机分子降解,并能生成 $Fe(OH)_2$ 和 $Fe(OH)_3$ 沉淀,起吸附、捕集、架桥的作用。

三、仪器与试剂

1. 仪器

搅拌器、分光光度计、烧杯、移液管、漏斗。

2. 试剂

苯酚废水、炭粉、铁粉、H_2SO_4 溶液、片碱。

四、实验步骤

1. 用分光光度计测原水的吸光度

苯酚模拟废水的吸光度在波长 270 nm 处测定。

2. 确定最佳铁碳比

取不同比例的铁粉和炭粉混合,其他实验条件保持一致,分别加入盛有 200 mL 苯酚废水的烧杯中,搅拌 30 min 后过滤,测定废水的吸光度,通过苯酚废水的去除率判断最佳铁碳比。

3. 确定最佳 pH 条件

称取 3 份相同质量的炭粉和铁粉混合物(铁碳比相同),分别加入 3 只盛有 200 mL 苯酚废水的烧杯中,并将其 pH 分别调至 2～3、6、8～9,搅拌 30 min 后过滤,测定废水的吸光度,通过苯酚废水的去除率确定最佳 pH 条件。

4. 混凝

上述反应之后,在烧杯中分别加入片碱少许,使 pH 为 9～10(约加 1 小片),搅拌 30 min 后过滤,测滤液中苯酚浓度。

五、数据记录与处理

1. 数据记录

将实验数据记入表 2-11 和表 2-12。

表 2-11　最佳铁碳比确定

水样编号	1	2	3	4	5	6
碳粉质量/g	0.000	0.005	0.01	0.03	0.05	0.05
铁粉质量/g	0.5	0.5	0.5	0.5	0.5	0
吸光度 A						
苯酚浓度						
苯酚去除率						

表 2-12　最佳 pH 确定

处理	原水	铁粉＋碳粉 （pH＝2～3）	铁粉＋碳粉 （pH＝6）	铁粉＋碳粉 （pH＝8～9）
吸光度 A				
苯酚浓度				
苯酚去除率				

2. 数据处理

以 pH 为横坐标，去除率为纵坐标作图，并分析 pH 对微电解反应的影响。

六、注意事项

（1）微电解填料在使用前应注意防水防腐蚀；一旦通水，应始终有水进行保护，不可长时间暴露在空气中，以免在空气中被氧化，影响使用。

（2）微电解系统运行过程中应注意合适的曝气量，不可长时间反复曝气。

（3）微电解系统不可长时间在碱性条件下运行。

七、问题讨论

（1）除了 pH，微电解还受到什么因素的影响？

（2）电解出水后沉淀的作用是什么？

八、知识链接

微电解技术存在的问题：长时间运行后会有有机物在铁电极上沉积，形成一层钝化膜，从而阻碍铁电极与碳形成稳定的原电池。此外，铁碳填料容易板结，阻碍废水与填料的有效接触，形成短流，从而降低废水的处理效果。另外，微电解的成本较高。

九、参考文献

[1] 曾郴林，刘情生. 微电解法处理难降解有机废水的理论与实例分析[M]. 北京：中国环境出版社，2017.

[2] 李雯，王三反，孙震，等. 铁碳微电解预处理化工有机废水研究[J]. 净水技术，2008，27（5）：53－55.

[3] 姜兴华，刘勇健. 铁碳微电解法在废水处理中的研究进展及应用现状[J]. 工业安全与环保，2009，35（1）：26－27，18.

[4] 邢庆艳，唐建峰，张新军. 超重力臭氧氧化处理含硫污水工艺参数研究[J]. 天然气化工（C1 化学与化工），2020，45（2）：71－76.

[5] 张彦卿，李孟，张斌. 浅层气浮/微电解/生化/过滤法处理制药废水[J]. 中国给水排水，2013，29（17）：59－62.

[6] 苏莹，单明军，吕艳丽，等. 微电解法对焦化废水脱氮的研究[J]. 燃料与化工，2008，39（5）：38－40，45.

[7] 冯恩隆. 铁炭微电解＋A/O 工艺处理染料废水的研究[J]. 环境保护与循环经济，2012（5）：48－51.

实验十二　芬顿试剂氧化法处理印染废水实验

一、实验目的

（1）理解芬顿试剂催化氧化的机理及影响因素。

（2）掌握运用正交方法进行多因素多水平实验的设计。

（3）对实验结果进行直观分析，确定因素的主次关系及各因素的最佳水平。

二、实验原理

H_2O_2 与 Fe^{2+} 组成的氧化体系通常称为芬顿（Fenton）试剂。Fenton 试剂法是一种均相催化氧化法。在含有 Fe^{2+} 的酸性溶液中投加 H_2O_2 时，在 Fe^{2+} 催化剂作用下，H_2O_2 能产生强氧化性的羟基自由基，加快有机物和还原性物质的氧化反应。其反应历程如下：

$$H_2O_2 + Fe^{2+} \longrightarrow OH^- + HO \cdot + Fe^{3+}$$

$$HO \cdot + H_2O_2 \longrightarrow H_2O + HO_2 \cdot$$

$$HO_2 \cdot + H_2O_2 \longrightarrow O_2 + H_2O + HO \cdot$$

$$HO \cdot + Fe^{2+} \longrightarrow Fe^{3+} + OH^-$$

$HO \cdot$ 可与废水中的有机污染物反应，使其分解或改变其电子云密度和结构，有利于凝聚和吸附过程的进行。

Fenton 试剂催化氧化的影响因素有：pH、H_2O_2 投加量、Fe^{2+} 投加量和反应温度。

（1）pH：Fenton 试剂是在酸性条件下发生作用的，在中性和碱性条件下 Fe^{2+} 不能催化 H_2O_2 产生 $HO \cdot$，pH 在 3～5 附近时去除率最大。

（2）H_2O_2 投加量：当 H_2O_2 浓度较低时，H_2O_2 的浓度提高有利于羟基自由基量的增加；当 H_2O_2 浓度过高时，过量的 H_2O_2 能通过分解产生更多的 $HO \cdot$，也会将 Fe^{2+} 快速氧化成 Fe^{3+}。

（3）Fe^{2+} 投加量：Fe^{2+} 浓度过低，反应速率极慢；Fe^{2+} 过量，会与 H_2O_2 反应，且自身氧化为 Fe^{3+}。

三、仪器与试剂

1. 仪器

搅拌器或振荡器、分析天平、烧杯、移液管、量筒、COD 测定回流装置等。

2. 试剂

30% 过氧化氢溶液、0.5 mol/L 硫酸、1 mol/L 氢氧化钠溶液、0.25 mol/L 重铬酸钾标准溶液、试亚铁灵指示剂、0.1 mol/L 硫酸亚铁铵溶液、硫酸-硫酸银溶液。

1 mol/L 硫酸亚铁溶液：临用前配制，称取 2.78 g 硫酸亚铁溶于 10 mL 水中。

0.1 mol/L 高锰酸钾溶液：称取 1.58 g 高锰酸钾溶于 100 mL 水中，存放于棕色瓶内。

重铬酸钾使用液：在 1 000 mL 烧杯中加约 600 mL 蒸馏水，慢慢加入 100 mL 浓硫酸和 26.7 g 硫酸汞，搅拌，待硫酸汞溶解后，再加入 80 mL 浓硫酸和 9.5 g 重铬酸钾，最后加蒸馏水，使总体积为 1 000 mL。

对甲基橙水样：称取 0.24 g 对甲基橙于 2 000 mL 烧杯中，加入约 2 000 mL 水，搅拌

溶解。

四、实验步骤

1. COD 快速测定

测定对甲基橙水样的 COD：取水样 20 mL，加重铬酸钾使用液 15 mL 和硫酸-硫酸银溶液 40 mL，再加 2 颗玻璃珠，摇匀，回流 10 min，然后加 120 mL 左右的蒸馏水稀释，冷却至室温，加 3~4 滴试亚铁灵指示剂，以 0.1 mol/L 硫酸亚铁铵溶液滴定，溶液颜色由黄色经蓝绿色至红褐色即为终点，记录硫酸亚铁铵溶液的用量。

同时测定空白水样的 COD。

2. 对甲基橙水样的 Fenton 氧化处理

以 pH、H_2O_2 投加量、Fe^{2+} 投加量为影响因素，每个因素考虑三个水平，选择合适的正交表，如表 2-13 所示。

表 2-13　实验因素与水平

水平	因素		
	A	B	C
	pH	Fe^{2+} 投加量	H_2O_2 投加量
1	2	0.2 mL	1.4 mL
2	4	0.5 mL	1.7 mL
3	6	0.8 mL	2 mL

取 180 mL 水样于 250 mL 烧杯中，按正交实验表（表 2-14）设置反应条件：以 0.5 mol/L 硫酸和 1 mol/L 氢氧化钠溶液调节 pH（用精密 pH 试纸测 pH），调至相应的 pH 后，置烧杯于电磁搅拌器上，在约 25 ℃下搅拌，加入相应的硫酸亚铁溶液（使用前配制）和过氧化氢溶液，搅拌 1 h，边搅拌边滴加高锰酸钾溶液，至浅棕红色不褪为止，放置 20 min 后，再调节 pH 至 7，过滤，取 20 mL 滤液测定 COD，计算各反应条件下的 COD 去除率。

表 2-14　正交实验表

设计	A	B	C	Y
	pH	Fe^{2+} 投加量	H_2O_2 投加量	去除率/%
1	1(2)	1(0.2 mL)	1(1.4 mL)	
2	1	2(0.5 mL)	2(1.7 mL)	
3	1	3(0.8 mL)	3(2 mL)	
4	2(4)	1	3	
5	2	2	1	
6	2	3	2	
7	3(6)	1	2	
8	3	2	3	

续表

设计	A	B	C	Y
	pH	Fe^{2+} 投加量	H_2O_2 投加量	去除率/%
9	3	3	1	
T_1				
T_2				
T_3				
t_1				
t_2				
t_3				

对实验结果进行直观分析及极差分析,判断因素主次关系,找出最佳反应条件。

五、数据记录与处理

(1) 计算水样的 COD。

用式(2-18)计算水样的 COD：

$$COD(mg/L) = \frac{(V_0 - V_1) \times c \times 8 \times 1\,000}{V_2} \tag{2-18}$$

式中,V_0 表示滴定空白消耗的硫酸亚铁铵溶液的体积,mL;V_1 表示滴定水样消耗的硫酸亚铁铵溶液的体积,mL;V_2 为水样体积,mL;c 为硫酸亚铁铵溶液的浓度,mol/L。

原水 COD：_____

(2) 寻找最好的实验条件。

在 A1 水平下进行了三次实验(1,2,3),三次实验中因素 B 的三个水平各进行了一次实验,因素 C 的三个水平同样各进行了一次实验。

在 A2 水平下进行了三次实验(4,5,6),三次实验中因素 B 的三个水平各进行了一次实验,因素 C 的三个水平同样各进行了一次实验。

在 A3 水平下进行了三次实验(7,8,9),三次实验中因素 B 和 C 的三个水平同样各进行了一次实验。

将全部实验分成三个组,那么这三组数据的差异就反映了因素 A 的三个水平的差异,计算各组数据的和与平均：

$T_1 = Y_1 + Y_2 + Y_3$;$T_2 = Y_4 + Y_5 + Y_6$;$T_3 = Y_7 + Y_8 + Y_9$。

$t_1 = T_1/3$;$t_2 = T_3/3$;$t_3 = T_3/3$。

同理,对于因素 B 和 C,将数据分成三组分别比较。

将实验结果记入表 2-14。

(3) 各因素对去除率的影响程度大小分析。

极差的大小反映了各因素水平改变时对实验结果的影响大小。这里因素的极差是指各水平平均值的最大值与最小值的差值。

(4) 绘制各因素不同水平对去除率的影响图。

（5）说明 Fenton 氧化法处理对甲基橙水样的最佳反应条件，即 pH、Fe^{2+} 投加量、H_2O_2 投加量三种因素在哪种组合条件下去除率达到最高。

六、注意事项

（1）在实验操作中应严格操作，避免失误，减小误差。

（2）在实验中应避免药品污染，以防止实验失败。

七、问题讨论

（1）体系 pH 对芬顿试剂催化氧化性能有何影响？

（2）Fe^{2+} 投加量对芬顿试剂催化氧化性能有何影响？

八、知识链接

1894 年，法国科学家 Fenton 发现，在酸性条件下，H_2O_2 在 Fe^{2+} 的催化作用下可有效地氧化酒石酸。后人将 H_2O_2 和 Fe^{2+} 组合称为芬顿（Fenton）试剂。该法在水处理领域得到广泛应用，受到国内外的广泛关注。随着科学技术的发展与进步，科学家们在 Fenton 试剂的基础上衍生出很多类 Fenton 法，如超声波-Fenton 法、光-Fenton 法、微波-Fenton 法等。

九、参考文献

［1］赵昌爽，张建昆. 芬顿氧化技术在废水处理中的进展研究［J］. 环境科学与管理，2014，39（5）：83－87.

［2］伏广龙，徐国想，祝春水，等. 芬顿试剂在废水处理中的应用［J］. 环境科学与管理，2006，31（8）：133－135.

［3］赵启文，刘岩. 芬顿（Fenton）试剂的历史与应用［J］. 化学世界，2005，46（5）：319－320.

实验十三　　臭氧氧化法处理有机废水实验

一、实验目的

（1）了解臭氧发生器的基本结构、原理、操作方法，观察电压和空气流量对臭氧产率的影响。

（2）掌握臭氧浓度、苯酚浓度的测定方法。

（3）通过对含酚废水的处理，掌握臭氧氧化法处理工业废水的基本过程、方法和特点。

二、实验原理

臭氧是一种强氧化剂，它的氧化能力在天然元素中仅次于氟。臭氧去除废水中有机污染物主要有两种途径：一是通过氧化还原反应、亲电取代直接降解有机物；二是发生链式反应，产生强氧化性的羟基自由基，间接作用于污染物。臭氧直接降解有机污染物会选择具有双键的有机物，通过自由基降解的间接氧化可无选择性降解有机污染物。

臭氧氧化的优点：① 氧化性强，对除臭、脱色、杀菌、降解有机物和无机物都有明显效果；② 污水经处理后污水中剩余的臭氧易分解，不产生二次污染，且能增加水中的溶解氧；③ 臭氧制备的原料为氧气，工业上可采用高压高频放电制取臭氧，清洁无污染。

三、仪器与试剂

1. 仪器

臭氧发生器 1 台,臭氧氧化反应器 1 套,医用乳胶管,与乳胶管配套的玻璃管,气体转子流量计 1 个,酸滴管(50 mL)1 个,气体吸收瓶(500 mL 锥形瓶)2 个,量筒(100 mL)1 个,洗气瓶(1 000 mL)2 个。

2. 试剂

(1) 配制苯酚模拟废水,酚浓度为 50～100 mg/L。

(2) 2% KI 溶液:称取 20 g 分析纯碘化钾,溶于 1 L 新煮沸并冷却的蒸馏水中,贮于棕色瓶中。

(3) 硫代硫酸钠标准贮备液:称取 24.8 g 的 $Na_2S_2O_3 \cdot 5H_2O$,溶于煮沸并放冷的蒸馏水中,用水稀释至 1 000 mL,并贮于棕色瓶中备用,其浓度应为 0.100 mol/L,必须标定。

标定:在碘量瓶(250 mL)中加入 1 g 碘化钾及 50 mL 纯水,用移液管移取 20.00 mL 重铬酸钾标准溶液($0.100 \ mol/L \ \frac{1}{6}K_2Cr_2O_7$)于碘量瓶中,并加入 5 mL 硫酸(6 mol/L $\frac{1}{2}H_2SO_4$),暗处静置 5 min 后,用硫代硫酸钠溶液滴定至淡黄色,加入 1 mL 淀粉溶液,继续滴定至蓝色刚好消失为止。

$$c_{Na_2S_2O_3} = \frac{c_{K_2Cr_2O_7} \times 20.00}{V_{Na_2S_2O_3}} \tag{2-19}$$

(4) 硫代硫酸钠标准使用液:将上述标准贮备液稀释为 0.005 mol/L 的标准使用液。此溶液 1 mL 相当于 120 μg 臭氧,临用前配制。

(5) 1% 淀粉溶液。

(6) 碘标准贮备液:称取 13.0 g 碘及 40 g 碘化钾溶于纯水中,稀释至 1 000 mL,用砂芯漏斗过滤,贮于棕色瓶中。

标定:准确移取该溶液 25.00 mL 于碘量瓶中,加水至 150 mL,用 0.100 mol/L 硫代硫酸钠标准溶液滴定至淡黄色,加入 1 mL 淀粉溶液,继续滴定至蓝色刚好消失即为终点。同时做空白试验:取 150 mL 纯水,加入 0.05 mL 0.100 mol/L 碘标准溶液、1 mL 1% 淀粉溶液,用 0.100 mol/L 硫代硫酸钠标准溶液滴定至蓝色消失即为终点。

按式(2-20)计算碘标准溶液的浓度:

$$c_1 = \frac{(V - V_0) \times c}{25.00 - 0.05} \tag{2-20}$$

式中,c_1 为碘标准溶液的浓度,mol/L;V_0 为空白试验中 $Na_2S_2O_3$ 标准溶液的用量,mL;V 为滴定碘标准溶液时 $Na_2S_2O_3$ 标准溶液的用量,mL;c 为 $Na_2S_2O_3$ 标准溶液的浓度。

(7) 碘标准溶液:取 0.100 mol/L 碘标准溶液,临用前准确稀释为 0.005 mol/L。

(8) 冰醋酸。

四、实验步骤

1. 碘量法测定水中臭氧的浓度

臭氧先用 KI 溶液吸收,生成的 I_2 用 $Na_2S_2O_3$ 标准溶液滴定。反应方程式如下:

$$O_3 + 2KI + H_2O \Longrightarrow O_2 + I_2 + 2KOH$$
$$I_2 + 2Na_2S_2O_3 \Longrightarrow Na_2S_4O_6 + 2NaI$$

测定方法：

(1) 臭氧吸收：取 400 mL 2% KI 溶液于吸收瓶中，通入臭氧化气 5 min(400 mL KI 溶液可分成两个吸收瓶串联吸收)。

(2) 将吸收臭氧的 KI(2%) 溶液合并于 500 mL 锥形瓶中，用冰醋酸酸化调节 pH≤2，用 0.005 mol/L Na$_2$S$_2$O$_3$ 标准溶液滴定至淡黄色时，再加入 1 mL 1% 淀粉溶液，此时溶液为蓝色，再迅速滴定至蓝色消失即为终点。

(3) 空白试验：取 400 mL KI(2%) 溶液，加入冰醋酸，调节 pH≤2，加入 1 mL 1% 淀粉溶液，进行空白试验(空白试验结果可能是正值，也可能是负值)。

① 如出现蓝色，用 0.005 mol/L Na$_2$S$_2$O$_3$ 标准溶液滴定至蓝色消失，记录用量。

② 如不出现蓝色，用 0.005 mol/L 碘溶液滴定至蓝色刚好出现，记录用量。

水中臭氧浓度的计算：

$$c_{O_3} = \frac{(V_1 \pm V_2) \times c \times 24 \times 1\,000}{V} \tag{2-21}$$

式中，c_{O_3} 为水中臭氧浓度，mg/L；V_1 为水样滴定时所用 Na$_2$S$_2$O$_3$ 标准溶液的体积，mL；V_2 为空白滴定时所用 Na$_2$S$_2$O$_3$ 标准溶液或碘标准溶液的体积，mL；V 为水样体积，mL；c 为标准滴定液的浓度(Na$_2$S$_2$O$_3$ 的标准浓度)。

若用 Na$_2$S$_2$O$_3$ 标准溶液滴定，则式(2-21)中为($V_1 - V_2$)；若用碘溶液滴定，则式(2-21)中为($V_1 + V_2$)。

注：

① 盛水样的洗气瓶、吸收瓶使用前要用臭氧水进行浸泡。

② 臭氧吸收实验中检查臭氧吸收效果，可用湿润的 KI-淀粉试纸。

③ 若空白试验用 0.005 mol/L 碘标准溶液滴定，则在计算臭氧浓度时应加空白所用去的毫升数。若碘标准溶液的浓度与硫代硫酸钠标准溶液的浓度不一致，则($V_1 + V_2$)应改为($V_1 \times c_{Na_2S_2O_3} + V_2 \times c_{I_2}$)。

2. 臭氧氧化实验步骤

(1) 仔细观察臭氧装置的内外结构及部件。

(2) 开启泵，将废水打入臭氧反应器，调整流量为 0.3 g/L，同时测定原废水的 pH、COD$_{Cr}$ 值。

(3) 打开氧气瓶和减压阀，调整臭氧发生器的进气流量为 0.1 m^3/h。

(4) 打开电源开关，设置放电功率为 80%，使其产生稳定的臭氧浓度。

(5) 反应 10 min、20 min、30 min、40 min、50 min 后分别取一定量的水样，分别测定不同氧化时间后出水的 pH、COD$_{Cr}$ 值。

(6) 实验完成后，关闭电源开关、臭氧发生器及泵，整理实验。

五、数据记录与处理

实验数据记录如表 2-15 所示。

表 2-15　相关数据记录表

水样	pH	COD/(mg/L)	COD 去除率/%
原水样(0 min)	7.20		
10 min 水样	4.15		
20 min 水样	4.35		
30 min 水样	4.65		
40 min 水样	4.99		
50 min 水样	5.16		

六、注意事项

臭氧浓度过高会对人体造成不利的影响：臭氧浓度高于 0.3 mg/L 时对人的五官有刺激作用；臭氧浓度在 3～15 mg/L 时，人会感到头疼。所以一般臭氧浓度的允许值为 0.2 mg/L，正常可与人体接触 8 h。采用臭氧氧化技术也应该注意剩余臭氧的去除。

七、问题讨论

（1）臭氧测定时进行空白试验的目的是什么？空白试验结果为什么可能有正值和负值？

（2）臭氧氧化处理含酚废水的原理是什么？

（3）用氧气瓶中的 O_2 或空气中的 O_2 作为臭氧发生器的气源，各有何利弊？

八、知识链接

臭氧是一种广谱高效的杀菌消毒剂，具有强氧化性。人们从认识臭氧到运用臭氧已经有 500 多年的历史。现今人们对臭氧的研究更加成熟，运用也更加普遍。在日常生活中，臭氧的应用也是非常广泛的，如用于蔬菜水果保鲜、空气净化、冰箱杀菌消毒、伤口炎症消毒等。

九、参考文献

[1] 李昊，周律，李涛，等. 臭氧氧化法深度处理印染废水生化处理出水[J]. 化工环保，2012,32(1)：30－34.

[2] 刘春芳. 臭氧高级氧化技术在废水处理中的研究进展[J]. 石化技术与应用，2002,20(4)：278－280.

[3] 张彭义，祝万鹏. 臭氧水处理技术的进展[J]. 环境科学进展，1995,3(6)：18－24.

实验十四　萃取实验

一、实验目的

（1）了解转盘萃取塔的结构和特点。

（2）掌握液-液萃取塔的操作方法。

二、实验原理

萃取是利用废水中污染物在两个液相中的溶解度不同而使污染物分离的方法。将一定量萃取剂加入废水中并加以搅拌,使废水与萃取剂充分混合,污染物通过相界面从废水向萃取剂中扩散。

萃取过程可被分解为理论级和级效率,或传质单元数和传质单元高度。对于转盘塔、振动塔这类微分接触的萃取塔,通常采用传质单元数和传质单元高度来处理。过程分离的难易程度可用传质单元数表示。

稀溶液的传质单元数可近似表示为

$$N_{OR} = \int_{x_2}^{x_1} \frac{dx}{x - x^*} \qquad (2\text{-}22)$$

式中,N_{OR} 表示以萃余相为基准的总传质单元数,x 表示萃余相中溶质的浓度,x^* 表示与相应萃取浓度成平衡的萃余相中溶质的浓度,x_1 表示进塔萃余相浓度,x_2 表示出塔萃余相浓度。

设备传质性能的好坏可用传质单元高度表示,表达式如下:

$$H_{OR} = \frac{H}{N_{OR}} \qquad (2\text{-}23)$$

$$K_x a = \frac{L}{H_{OR}\Omega} \qquad (2\text{-}24)$$

式中,H_{OR} 表示以萃余相为基准的传质单元高度,m;H 表示萃取塔的有效接触高度,m;$K_x a$ 表示以萃余相为基准的总传质系数,kg/(m³·h·Δx);L 表示萃余相的质量流量,kg/h;Ω 表示塔的截面积,m²。

三、实验装置及设备

1. 实验装置

萃取实验装置如图 2-11 所示。

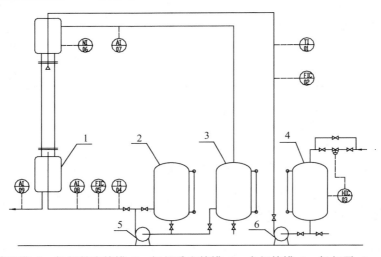

1—萃取塔;2—轻相料液储罐;3—轻相采出储罐;4—水相储罐;5—轻相泵;6—水泵。

图 2-11　萃取实验装置流程图

2. 主要设备技术参数

塔径:40 mm;塔高:700 mm;有效高度:550 mm;转盘数:15;转盘间距:32 mm;转

盘直径：30 mm。

3. 试剂

煤油、苯甲酸。

四、实验步骤

（1）在水原料储罐中添加一定量水，在油相原料储罐中添加已知浓度的煤油溶液（如 0.002 kg苯甲酸/kg 煤油）。

（2）开启水转子流量计，把连续相水输送至塔内，当塔内液面升至重相入口和轻相出口中点附近时，将水流量调至定值（如 3 L/h），使液面保持稳定。

（3）将转盘速度旋钮归零，随后调至设定值。

（4）将油相流量调至设定值（如 5 L/h）输送至塔内，及时调整储罐使液面保持在重相入口和轻相出口中点附近。

（5）稳定运行 30 min 后，采集油相进出口样品约 50 mL，水相出口样品约 50 mL，分析其组分浓度。

（6）完成取样后，调整两相流量或转盘转速，进行下一个实验。

五、数据记录与处理

将实验数据记于表 2-16、表 2-17。

表 2-16　萃取过程相关数据记录表

组数	水流量/(L/h)	水温/℃	油温/℃	油流量/(L/h)	转速/(r/min)
1					
2					
3					

表 2-17　滴定过程相关数据记录表

名称	原油			萃余液			萃取液		
NaOH 体积	V_1	V_2	ΔV	V_1	V_2	ΔV	V_1	V_2	ΔV
流量 1									
流量 2									
流量 3									

六、注意事项

（1）实验过程中,避免塔顶部的两相界面高于轻相出口,否则水相会混入油相储罐。

（2）分散相和连续相在塔顶、底滞留量多,调整操作条件后,稳定时间一定要超过30 min,否则误差极大。

七、问题讨论

（1）萃取的目的是什么? 原理是什么?

（2）萃取溶剂的必要条件是什么?

八、知识链接

采用萃取技术处理难降解有机废水面临的突出问题就是萃取剂流失造成的二次污染。萃取溶剂的可生物降解性是萃取技术推广应用的关键因素,因此主要任务是筛选生物降解性良好的绿色萃取溶剂。

九、参考文献

[1] 陈文中,付强. 萃取法在火电厂含油废水处理中的应用[J]. 热力发电,2009,38(7)：106－109,113.

[2] 戴猷元. 液液萃取化工基础[M]. 北京：化学工业出版社,2015.

实验十五　吸附树脂对水溶液中苯酚的吸附

一、实验目的

（1）学会用高效液相色谱仪测定水中苯酚的含量。

（2）掌握吸附树脂吸附苯酚的机理及吸附等温方程。

二、实验原理

近年来,随着世界各国工农业的迅速发展和人们生活水平的不断提高,许多有危害的有机化合物流入水环境中。去除水中的有机污染物,不但是人类健康所需,也可以解决水资源的资源化问题。吸附法被认为是较好的从水中吸附有毒有害有机物质的可行性技术。吸附作为一种低能耗的固相萃取分离技术在工业上已有广泛的应用,采用的吸附剂主要有活性炭、改性纤维素、黏土、硅胶等,其中,以活性炭吸附性能最佳,但其再生困难,吸附的物质难以实现资源化,且活性炭的机械强度差,使用寿命短,因而运行成本高,严重影响了它在工业上的推广应用。

20 世纪 70 年代以来,吸附及分离功能高分子材料发展迅速,吸附树脂在各个领域得到广泛应用并已经形成一种独特的吸附分离技术。吸附树脂的化学结构和物理结构可以根据实际用途进行设计和选择,这是其他吸附剂所不及的。吸附材料的吸附特性主要取决于吸附材料表面的化学性质、比表面积和孔径。由于大孔吸附树脂的基质是合成高分子化合物,因此可以通过选择各种适当的单体、致孔剂和交联剂,根据要求对孔结构进行调制;同时还可通过化学修饰改变表面的化学状态,因此与常规的吸附材料相比品种更多,性能更为优异。另外,大孔吸附树脂的应用范围更广,吸附树脂通过分子间的作用力,可以从水溶液中吸附有机溶质,并可以用水、有机溶剂、酸、碱溶液等对被吸附物进行洗脱,使用更为方便,从而实现水中有机物的富集、分离和回收。

超高交联吸附树脂是一种非常独特的材料，它具有很大的比表面积及特殊的吸附特性，而且能够阻止经溶剂脱附后网状结构的膨胀。据报道，修饰不同功能基的超高交联吸附树脂都具有较好的吸附效果，它们能克服像常用的大孔吸附树脂所具有的在吸附剂和极性吸附质之间的极性匹配和吸附剂的微孔结构等方面的困难。

吸附等温线对于描述吸附剂吸附能力，以对一定用途的吸附过程进行可行性评价，以及对于全面选择最合适的吸附剂及初步确定所需吸附剂用量来说是非常有用的；此外，吸附等温线在预测和分析吸附模型方面也起着一定的作用。如今，已有许多种模型可用来描述吸附等温线，其中 Langmuir 和 Freundlich 模型简单、易确定参数并能够很好地拟合大量的实验数据，它们在描述吸附过程上用得最多。

苯酚在超高交联吸附树脂上的吸附等温线可以用平衡模型 Langmuir 或 Freundlich 方程来拟合。

Langmuir 方程：$\dfrac{c_e}{Q_e} = \dfrac{1}{q_m K_L} + \dfrac{c_e}{q_m}$

Freundlich 方程：$\lg Q_e = \lg K_f + \dfrac{1}{n} \lg C_e$

式中，Q_e 为有机物在吸附剂上的平衡吸附量，mmol/g；c_e 为平衡时有机物在溶液中的物质的量浓度，mmol/L；K_f 为平衡吸附系数；q_m 为饱和吸附量，mmol/g；K_L 和 n 均为适用于相应方程的常数。

分别以 c_e-c_e/Q_e 或 $\lg c_e$-$\lg Q_e$ 作图，绘制成直线，根据直线的斜率和截距求算 Langmuir 或 Freundlich 方程的吸附参数。

三、仪器与试剂

1. 仪器

高效液相色谱仪、电子分析天平。

2. 试剂

超高交联吸附树脂、苯酚、甲醇。

四、实验步骤

1. 静态吸附实验

称取一定量的苯酚，以二次蒸馏水溶解后配制成需要浓度的储备液，其浓度通过带可变双波长紫外检测器的 HPLC(Waters Assoc. ,Milford,MA,USA) 测定，流动相甲醇：水(V/V)＝40：60，流量为 1 mL/min，固定相为 ODS 柱，检测波长为 270 nm。

苯酚在三种不同温度(283 K、303 K 和 323 K)下静态平衡吸附的操作过程如下：将 0.100 g 树脂直接倒入 250 mL 带塞的锥形瓶中，分别加入 100 mL 浓度为 200 mg/L、400 mg/L、600 mg/L、800 mg/L 和 1 000 mg/L 的苯酚水溶液，然后将锥形瓶置于预先设置温度和转速的恒温振荡器中振荡，待吸附达到平衡后，测定溶液中苯酚的浓度(c_e)。吸附剂相中吸附质的浓度 Q_e(mmol/g)可通过下式计算：

$$Q_e = \frac{(c_0 - c_e)V}{W}$$

其中，c_e 为溶液中吸附质的平衡浓度，mmol/L；c_0 为初始浓度，mmol/L；V 是溶液的体积，L；W 是干燥树脂的质量，g。

2. 吸附等温线的绘制及线性拟合

以 c_e 为横坐标，Q_e 为纵坐标，绘制不同温度下苯酚在超高交联吸附树脂上的吸附等温线。

五、数据记录与处理

将实验数据采用经典的 Langmuir 方程和 Freundlich 方程拟合，拟合结果记入表 2-18。

表 2-18　Langmuir 方程与 Freundlich 方程吸附常数

温度/K	Langmuir 方程			Freundlich 方程		
	K_L	q_m	R^2	K_f	n	R^2
283						
303						
323						

六、注意事项

（1）在锥形瓶中移取溶液后需用过滤器过滤溶液，以除去溶液中的杂质。

（2）测定苯酚溶液浓度需作标准曲线。

七、问题讨论

（1）举例说明两种以上常用吸附剂的性质和用途。

（2）吸附树脂与传统吸附剂相比在处理水中有机污染物时有何优点？

（3）超高交联吸附树脂的特点是什么？与大孔吸附树脂相比有何优点？

（4）吸附树脂的结构可以通过哪些手段进行表征？

（5）在废水处理中最常用的吸附等温模式有哪几种？它们有什么实用意义？

八、知识链接

近年来，随着超高交联吸附树脂合成技术的发展，具有多功能基团和优良孔结构的新型大孔吸附树脂使吸附分离技术在水污染治理领域得到了应用。较大孔吸附树脂而言，超高交联吸附树脂有更大的比表面积和微体积，而且超高交联吸附树脂的吸附选择性高，脱附再生容易，机械强度好，使用寿命长，因而被广泛应用于有机有毒废水处理工程领域。

九、参考文献

［1］王方. 当代离子交换技术［M］. 北京：化学工业出版社，1993.

［2］何炳林，黄文强. 离子交换与吸附树脂［M］. 上海：上海科技教育出版社，1995.

实验十六　　配位吸附树脂对水溶液中重金属铅的吸附

一、实验目的

（1）学会用原子吸收法测定水溶液中铅的含量。

（2）掌握树脂吸附铅的机理及吸附动力学方程。

二、实验原理

吸附法是利用吸附剂表面或所含官能团与重金属离子发生作用从而将其分离的方法。传统的吸附剂有活性炭、沸石等,因其材料来源广泛、价格便宜、预处理及再生容易、操作维护简单而在含铬、铜和镉废水处理中有广泛应用。但由于活性炭的吸附以物理吸附为主,对目标金属离子的选择性较差,特别是对于多种重金属离子混合液,难以实现分离、富集与回收。近年来,人们将目光转向各种新型改性吸附剂,包括硅胶、改性黏土、纤维、壳聚糖、高分子捕集剂、螯合树脂等。其中,官能团中含有 O、N、S、P 等配位原子的螯合材料可与金属离子形成稳定的配合物结构,从而表现出高吸附量、高选择性等特点,近年来得到了广泛的关注和研究。

配位吸附树脂是利用氮原子配位的高聚物,通过氮原子上的孤对电子与金属离子作用,可与多种重金属离子形成配合物,尤其对过渡族重金属离子具有优越的吸附性能及吸附选择性。

铅在配位吸附树脂上的吸附等温线可以用平衡模型 Langmuir 或 Freundlich 方程来拟合。

$$\text{Langmuir 方程:} \quad \frac{c_e}{Q_e} = \frac{1}{q_m K_L} + \frac{c_e}{q_m}$$

$$\text{Freundlich 方程:} \quad \lg Q_e = \lg K_f + \frac{1}{n} \lg c_e$$

式中,Q_e 为铅在吸附剂上的平衡吸附量,mmol/g;c_e 为平衡时铅在溶液中的物质的量浓度,mmol/L;K_f 为平衡吸附系数;q_m 为饱和吸附量,mmol/g;K_L 和 n 均为适用于相应方程的常数。

分别以 c_e-c_e/Q_e 或 $\lg c_e$-$\lg Q_e$ 作图,绘制成直线,根据直线的斜率和截距求算 Langmuir 或 Freundlich 方程的吸附参数。

吸附动力学是研究吸附过程和时间关系的理论,即吸附速率和吸附动态平衡的问题。吸附速率和吸附动态平衡都涉及物质的传递现象和物质扩散速率的大小。深入认识吸附过程中的传质机制及其控制因素,对提高吸附效率、设计高效吸附剂与吸附设备具有重要意义。

准一级动力学方程是常用方程之一,其形式为

$$\frac{\mathrm{d}Q_t}{\mathrm{d}t} = k_1(Q_e - Q_t) \tag{2-25}$$

在 $t=0$ 时 $Q_t=0$,$t=t$ 时 $Q_t=Q_t$ 的条件下积分得

$$\lg(Q_e - Q_t) = \lg Q_e - \frac{k_1}{2.303}t \tag{2-26}$$

式中,Q_e 是平衡吸附量,mmol/g;Q_t 是 t(min)时的瞬时吸附量,mmol/g;k_1 是准一级动力学吸附速率常数,$\min^{-1}$。

但一般情况下,上述准一级吸附动力学方程在全部吸附时间范围内的相关性并不是很好,通常只适用于吸附的初始阶段。

与准一级动力学模型不同,准二级动力学模型建立在整个吸附平衡时间范围内,通常能更好地说明吸附机理。准二级动力学吸附速率方程如下:

$$\frac{\mathrm{d}q_t}{(q_e - q_t)^2} = k_2 \mathrm{d}t \tag{2-27}$$

分离变量后，由边界条件 $t=0$ 时 $q_t=0$，$t=t$ 时 $q_t=q_t$，可将上式积分变换为

$$\frac{1}{q_e - q_t} = \frac{1}{q_e} + k_2 t \tag{2-28}$$

上式可以进一步改写为

$$q_t = \frac{k_2 q_e^2 t}{1 + k_2 q_e t} \tag{2-29}$$

$$h = k_2 q_e^2 \tag{2-30}$$

式中，q_e 是平衡吸附量，mmol/g；q_t 是 t 时刻（min）的瞬时吸附量，mmol/g；k_2 是准二级动力学吸附速率常数；h 为初始吸附速率常数。

粒内扩散机理是很复杂的，通常将其简单地处理成吸附质从树脂外表面向颗粒内的传质过程，达到平衡状态部分的比例是 $(Dt/r^2)^{1/2}$ 的函数，其中 D 是扩散系数，r 为粒子半径，对于快速吸附阶段，粒内扩散公式可以简化为

$$Q_t = k_{\mathrm{int}} t^{\frac{1}{2}} \tag{2-31}$$

可见，Q_t 与 $t^{1/2}$ 成直线关系，将 Q_t 对 $t^{1/2}$ 作图得到一条直线，则过程为颗粒内扩散控制过程，其斜率是颗粒内扩散系数 k_{int}。其中，Q_t 是 t 时刻（min）的瞬时吸附量，mmol/g。

三、仪器与试剂

1. 仪器

原子吸附光谱仪、电子分析天平、恒温振荡器。

2. 试剂

配位吸附树脂、铅离子溶液。

四、实验步骤

1. 初始浓度和温度对吸附量的影响

称取 5 份 0.050 g 配位吸附树脂置于 150 mL 的锥形瓶中，加入 50 mL 重金属铅溶液，其铅离子浓度分别为 0.5 mmol/L、1.0 mmol/L、2.0 mmol/L、4.0 mmol/L、5.0 mmol/L，控制相应的温度（293 K、303 K、313 K），在恒温振荡器中以 120 r/min 的转速振荡 24 h，使吸附达到平衡。采用原子吸收法测定平衡时溶液中重金属铅离子的浓度 c_e（mmol/L）。

2. 吸附动力学实验

将 0.800 g 配位吸附树脂置于 500 mL 三口烧瓶中，加入 400 mL pH 为 5.0，初始浓度为 1.0 mmol/L 的铅离子溶液，控制搅拌转速 300 r/min，每隔一段时间（0 min，5 min，10 min，20 min，30 min，40 min，50 min，60 min，1.5 h，2 h，2.5 h，3 h，3.5 h，4 h，6 h，8 h，10 h，12 h，24 h）取样 1 mL 分析，作出吸附时间与吸附量的关系曲线。

初始浓度影响实验：将 0.800 g 配位吸附树脂置于 500 mL 三口烧瓶中，分别加入 400 mL pH 为 5.0，初始浓度为 0.25 mmol/L、0.5 mmol/L 和 1.0 mmol/L 的铅离子溶液，控制搅拌转速 300 r/min，每隔一段时间（0 min，5 min，10 min，30 min，60 min，1.5 h，2 h，3 h，4 h，6 h，8 h，10 h，12 h，14 h，24 h）取样 1 mL 分析，作出吸附时间与吸附量的关

系曲线。

五、数据记录与处理

初始浓度和温度对吸附量铅离子的影响实验数据采用经典的 Langmuir 方程和 Freundlich 方程拟合,将拟合结果记入表 2-19。

表 2-19　Langmuir 方程与 Freundlich 方程吸附常数

温度/K	Langmuir 方程			Freundlich 方程		
	K_L	q_m	R^2	K_f	n	R^2
293						
303						
313						

将配位吸附树脂对铅离子吸附动力学参数进行拟合,拟合结果记入表 2-20。

表 2-20　配位吸附树脂对铅离子吸附动力学参数

准一级动力学方程			准二级动力学方程				粒内扩散模型	
q_e	k_1	r^2	q_e	k_2	h	r^2	k_{int}	r^2

将配位吸附树脂对不同铅离子浓度吸附动力学参数进行拟合,拟合结果记入表 2-21。

表 2-21　不同初始浓度铅离子吸附动力学曲线拟合参数

初始浓度/(mmol/L)	q_e	k_2	h	r^2
0.25				
0.5				
1.0				

六、注意事项

(1) 在锥形瓶中移取溶液后需用过滤器过滤溶液,以除去溶液中的杂质。

(2) 原子吸附光谱仪测试铅离子浓度需作标准曲线。

七、问题讨论

(1) 举例说明两种以上常用配位吸附剂的性质和用途。

(2) 吸附树脂与传统吸附剂相比在处理水中金属污染物时有何优点?

八、知识链接

随着工业的迅速发展,排放到环境中的重金属废水量增多,大量重金属会对人类造成一定的危害,因此研究重金属废水的治理具有重大的意义。配位吸附树脂是一类多配位型高聚物,能通过功能基与金属离子作用形成环状螯合物,对重金属离子具有良好的吸附性能。

九、参考文献

[1] 王方. 当代离子交换技术[M]. 北京：化学工业出版社, 1993.

[2] 何炳林, 黄文强. 离子交换与吸附树脂[M]. 上海：上海科技教育出版社, 1995.

[3] 屠海令, 赵国权, 郭青蔚, 等. 有色金属冶炼、材料、再生与环保[M]. 北京：化学工业出版社, 2003.

实验十七　SBR工艺生活污水处理模拟实验

一、实验目的

(1) 了解间歇反应启动好氧活性污泥的方法。

(2) 掌握SBR工艺的组成、运行操作要点。

二、实验原理

序批式活性污泥法(Sequencing batch reactor activated sludge process, 简称SBR)是一种按间歇曝气方式来运行的活性污泥污水处理技术，具有工艺简单、节省费用、用地及运行灵活、脱氮除磷效果好等优点。生活污水中的氮磷超标排放很大程度上导致了水体污染和富营养化。

序批式活性污泥法是在同一反应池(器)中，按时间顺序由进水、反应、沉降、排水和闲置五个基本工序组成的活性污泥污水处理方法(图2-12)。

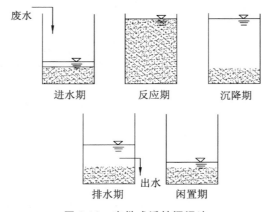

废水

进水期　　　反应期　　　沉降期

出水

排水期　　　闲置期

图2-12　序批式活性污泥法

进水期阶段为反应器从开始进水到达到反应器最大体积的一段时间，该时段生物降解反应同时进行。在反应期阶段，反应器停止进水，废水处理逐渐达到预期的效果。在沉降期阶段，活性污泥沉降，液固分离，上清液为处理后的水。在排水期阶段排水。在这以后的一段时期直至下一批废水进入之前即为闲置期阶段，活性污泥进行内源呼吸，反硝化细菌可利用内源碳进行反硝化脱氮。

三、仪器与试剂

1. 仪器

SBR反应装置、消解炉、pH计、快速溶解氧测定仪、电子天平、干燥箱、烧杯、玻璃漏斗、100 mL 量筒、滴定管、消解罐、锥形瓶、容量瓶、棕色瓶、各种规格移液管等。

2．试剂

$K_2Cr_2O_7$、浓硫酸、硫酸银、$HgSO_4$、$(NH_4)_2Fe(SO_4)_2 \cdot 6H_2O$、邻菲罗啉、硫酸亚铁。

四、实验步骤

（1）取回接种污泥和生活污水，测定所用污泥的 MLSS 值。

（2）设定反应器反应容积，设定反应器运行的 MLSS 值，计算所需投加污泥体积。

（3）为反应器加泥进水，测定原水的 pH、SS、COD、DO，为设备设定运行参数：搅拌 1 h，曝气 4 h、6 h、8 h，沉淀 1 h，静置 1 h。

（4）曝气结束后测定 SV、MLSS；沉淀结束后测定出水的 pH、SS、COD、DO，同时排掉反应体积 1/3 体积的水。

（5）静置，等待下一运行周期的开始。

五、数据记录与处理

将实验数据记入表 2-22、表 2-23。

表 2-22　实验数据记录表

污泥投加量		起始 MLSS		进水水量	
结束 SV		结束 MLSS		外排水量	

表 2-23　污水水质指标

序号	pH	SS/(mg/L)	COD/(mg/L)	DO/(mg/L)
进水水质				
1 h 水质				
4 h 水质				
6 h 水质				
8 h 水质				

六、注意事项

由于实验型的 SBR 反应器体积不可能做得很大，故滗水器也不可能做得很大，滗水管就比较细，容易导致污泥堵塞滗水器口、滗水管和滗水地磁阀，这些是实验型 SBR 的通病。但是可以通过拆卸和清洗滗水器、管路和电磁阀来解决问题。实验全部结束后，一定要彻底清洗该设备的所有管路和阀门。

七、问题讨论

（1）SBR 工艺的最大特点是什么？

（2）MLSS 升高或降低，对 SBR 有什么影响？

（3）DO 对 SBR 影响如何？其最佳控制范围是多少？

八、知识链接

垃圾卫生填埋场产生的垃圾渗滤液是一种难生物降解的高浓度有机废水，具有高 COD、高氨氮、生化性差的特点，特别是中晚期的渗滤液更难以用常规的生物处理技术进行处理,多采用高级氧化处理技术或联合处理工艺进行处理。通过采用 SBR 联合光催化技术对中晚期垃圾渗滤液进行处理,COD 去除率可以达到 89.2%,NH_4^+-N 去除率可以达到 99.9%。

九、参考文献

[1] 付坤,李海燕. SBR 联合光催化技术处理垃圾渗滤液的探究[J]. 环境科技,2018,31(2):33-37.

[2] 彭永臻. SBR 法的五大优点[J]. 中国给水排水,1993(2):29-31.

实验十八　厌氧消化实验

一、实验目的

(1) 掌握厌氧消化实验方法。

(2) 了解厌氧消化过程 pH、碱度、产气量、COD 去除等的变化情况,加深对厌氧消化的机理的理解。

(3) 掌握 pH、COD 的测定方法。

二、实验原理

厌氧消化过程是在无氧条件下,利用兼性细菌和专性厌氧细菌来降解污染物的处理过程,碳元素大部分转化为甲烷,氮元素转化为氨和氮气,硫元素转化为硫化氢,中间产物除形成细菌物质外,还转化为复杂而稳定的腐殖质。厌氧消化法作为污水和污泥处理的主要方法之一,可处理有机污泥和高浓度有机废水。pH、碱度、温度、负荷率等因素都会影响厌氧消化过程,产气量与操作条件及有机物种类有关。

厌氧消化过程可分为以下几个阶段:水解阶段,高分子有机物在胞外酶作用下进行水解,被分解为小分子有机物;消化阶段(发酵阶段),小分子有机物在产酸菌的作用下转化成简单有机物(挥发性脂肪酸、醇类乳酸等);产乙酸阶段,前一阶段的简单有机物进一步转化成乙酸、碳酸、氢气和新细胞物质;产甲烷阶段,在产甲烷菌作用下乙酸、碳酸、氢气、甲酸和甲醇等转化成甲烷、二氧化碳和新细胞物质。

三、仪器与试剂

1. 仪器

(1) 厌氧消化装置(图 2-13):消化瓶的瓶塞、出气管以及接头处都须密闭,避免气体漏出。

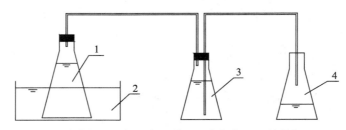

1—消化瓶;2—恒温水浴槽;3—集气瓶;4—计量瓶。

图 2-13　厌氧消化实验装置

（2）COD 测定装置。

（3）酸度计。

2．试剂

（1）已培养驯化好的厌氧污泥。

（2）人工配制的甲醇废水。

四、实验步骤

（1）配制 400 mL 甲醇废水备用。其比例为：2％甲醇、0.2％乙醇、0.05％NH₄Cl、0.5％甲酸钠、0.025％ KH₂PO₄，pH 为 7.0～7.5。

（2）消化瓶内有驯养好的消化污泥混合液 400 mL，从消化瓶中倒出 50 mL 消化液。

（3）加入 50 mL 配制的人工废水，摇匀后盖紧瓶塞，将消化瓶放进恒温水浴槽中，温度保持在 35 ℃左右。

（4）每 2 h 摇动一次，并记录气体产生量，记录 5 次，填入表 2-24。采用排水集气法计量气体产生量。

（5）24 h 后分析进出水 pH 和 COD，填入表 2-25。

五、数据记录与处理

将实验数据填入表 2-24、表 2-25。

表 2-24　沼气产量记录表

时间/h	0	2	4	6	8	10	24 h 总产气量
沼气产量/ mL							

表 2-25　厌氧消化反应实验记录表

日期	投配率	进水		出水		COD 去除率/%	沼气产量/ mL
		pH	COD/(mg/L)	pH	COD/(mg/L)		

六、注意事项

（1）pH 是厌氧消化过程中最重要的影响因素，因为产甲烷菌对 pH 的变化非常敏感。

（2）实验装置必须严格密封，每次取样后需通氮气，保证反应在厌氧环境下进行。

七、问题讨论

（1）绘制 24 h 沼气生成率的变化趋势曲线，并分析讨论其变化原因。

（2）绘制稳定运行后沼气生成率曲线和 COD 去除曲线。

（3）分析对厌氧消化产生影响的因素，如何提高厌氧消化速率？

八、知识链接

厌氧消化技术是最重要的生物质能利用技术之一,它使固体有机物变为溶解性有机物,再将蕴藏在废弃物中的能量转化为沼气用来燃烧或发电,以达到资源和能源的回收目的。厌氧消化显著地改善了有机废弃物处理过程的能量平衡,在经济上和环境上均有明显优势。用有机废物生产沼气已有一百多年的历史,但其发现于三百多年前。

九、参考文献

[1] 公维佳,李文哲,刘建禹. 厌氧消化中的产甲烷菌研究进展[J]. 东北农业大学学报,2006,37(6):838-841.

[2] 黄海峰,杨开,王晖. 厌氧生物处理技术及其在城市污水处理中的应用[J]. 中国资源综合利用,2005(6):37-40.

[3] 周立祥,胡霭堂,胡忠明. 厌氧消化污泥化学组成及其环境化学性质[J]. 植物营养与肥料学报,1997(2):176-181.

[4] 李圭白,张杰. 水质工程学[M]. 北京:中国建筑工业出版社,2005.

实验十九　MAP化学沉淀法处理氨氮废水实验

一、实验目的

(1) 了解化学沉淀法去除废水中氨氮的主要原理。

(2) 考察化学沉淀法对氨氮去除效果的影响,并探讨化学沉淀法去除氨氮的最佳实验条件。

二、实验原理

磷酸铵镁沉淀法(MAP法)是一种高氨氮废水的有效处理方法,原理是向氨氮废水中添加镁盐和磷酸盐使之生成磷酸铵镁($MgNH_4PO_4 \cdot 6H_2O$)沉淀,从而去除氨氮。该法操作简单,沉淀反应不受温度、毒物影响,且可将废水中的氨氮以沉淀物的形式固定下来,同时也可将磷固定,沉淀物可作为缓释肥回收。若废水中磷酸盐含量高,则只需添加镁盐,再添加少量磷酸盐就可实现脱氮除磷的目的。化学沉淀法的主要化学反应方程式如下:

$$Mg^{2+} + NH_4^+ + HPO_4^{2-} =\!=\!= MgNH_4PO_4 \downarrow + H^+$$

向氨氮废水中添加一定比例的磷盐和镁盐,当$[Mg^{2+}][NH_4^+][PO_4^{3-}] > 2.5 \times 10^{-13}$时,可生成磷酸铵镁,以去除废水中的氨氮。

三、仪器与试剂

1. 仪器

酸度计、磁力搅拌器、分光光度计等。

2. 试剂

氯化铵、氯化镁、磷酸氢二钠、氢氧化钠、浓硫酸、钼酸铵、抗坏血酸、酒石酸锑氧钾、磷酸二氢钾、碘化钾、酒石酸钾钠、氯化汞、硫酸镁、EDTA二钠、碳酸钙、浓盐酸、甲基红指示剂、乙醇。

四、实验步骤

1. pH 和初始浓度对氨氮去除效率的影响

（1）将 10 g/L 氯化铵溶液配制成实验所需浓度的 500 mL 溶液。

（2）取 250 mL 配制好的氯化铵溶液加入 500 mL 烧杯中，调节 pH 至 7，按物质的量比 $Mg^{2+}：NH_4^+：PO_4^{3-}=1：1：1$ 添加 $MgCl_2 \cdot 6H_2O$ 和 $Na_2HPO_4 \cdot 12H_2O$。

（3）搅拌 15 min，使沉淀完全溶解，随后静置 20 min，取上清液，过滤，测量。

（4）重复上述步骤（2）和（3），调节 pH 分别为 8、9、10、11。

2. 配比对氨氮溶解性磷酸盐去除效果的影响

（1）将 10 g/L 氯化铵溶液配制成 500 mL 溶液。

（2）取 250 mL 配制好的氯化铵溶液加入 500 mL 烧杯中，调节 pH 至 11，按物质的量比 $Mg^{2+}：NH_4^+：PO_4^{3-}=1：1.1：1.1$ 添加 $Na_2HPO_4 \cdot 12H_2O$ 和 $MgCl_2 \cdot 6H_2O$。

（3）搅拌 15 min，使沉淀完全溶解，接着静置 20 min，取上清液，过滤，测量。

（4）重复上述步骤（2）和（3），依次取 $Mg^{2+}：NH_4^+：PO_4^{3-}$ 为 1：1.2：1.2、1：1.3：1.3、1：1.4：1.4。

3. 分析方法

实验中主要的分析项目包括：NH_4^+-N、PO_4^{3-}-P、Mg^{2+} 及 pH。NH_4^+-N 采用纳氏试剂光度法测定；PO_4^{3-}-P 采用钼锑抗分光光度法测定；Mg^{2+} 采用原子吸收分光光度法测定。

五、数据记录与处理

将实验数据记入表 2-26~表 2-28。

表 2-26 pH 对氨氮去除效率的影响

pH	7	8	9	10	11
氨氮去除效率/%					

表 2-27 NH_4Cl 初始浓度对氨氮去除效率的影响

氨氮初始浓度/(mg/L)	100	500	1 000	1 500	2 500
氨氮去除效率/%					

表 2-28 配比对氨氮溶解性磷酸盐去除效果的影响

$Mg^{2+}：NH_4^+：PO_4^{3-}$（物质的量比）	1：1：1	1.1：1.1：1.1	1.2：1.2：1.2	1.3：1.3：1.3	1.4：1.4：1.4
氨氮去除效率/%					

六、注意事项

MAP 法对氨氮废水的处理效率受 pH 的影响较大。若废水的 pH 大于 9.3，废水中的氨氮主要以 NH_3 形式存在，在搅拌条件下会逸出至空气中，所以较低的 pH 有助于提高氨氮的转化率，从而提高 NH_4^+ 的浓度。但是 pH 降低，会促进磷酸铵镁沉淀在废水中的溶解,因此若 pH 过低就会使形成的磷酸铵镁沉淀溶解,无法通过沉淀达到去除氨氮的目的。

七、问题讨论

(1)讨论在氨氮、溶解性磷酸盐及镁初始物质的量浓度比为 1∶1∶1 条件下,pH 对氨氮去除效率的影响。

(2)探讨在同一 pH 条件下,氨氮初始浓度对氨氮去除效率的影响。

八、知识链接

脱氮方法有生化法、气提吹脱法、折点加氯法和离子交换法等。垃圾渗滤液、肉类加工废水和合成氨化工废水中氨氮浓度高,上述方法因游离氨氮的生物抑制作用或成本高等原因而限制了其广泛应用。高浓度氨氮废水的处理方法有物化法、生化联合法和新型生物脱氮法。

九、参考文献

[1] 吴梦,张大超,徐师,等. 废水除磷工艺技术研究进展[J]. 有色金属科学与工程,2019,10(2):97-103.

[2] 孟顺龙,裘丽萍,陈家长,等. 污水化学沉淀法除磷研究进展[J]. 中国农学通报,2012,28(35):264-268.

实验二十　化学沉淀法去除废水中的磷

一、实验目的

(1)了解化学沉淀法去除废水中磷的原理。

(2)通过实验操作,掌握氢氧化钙沉淀法去除废水中磷的效果和实验方法。

二、实验原理

化学除磷主要通过化学沉析过程完成。化学沉析是指通过向污水中添加无机金属盐药剂,使其与污水中溶解性的盐类(如磷酸盐)反应生成颗粒状、非溶解性的物质的过程。实际上投加化学药剂后,污水中不仅进行沉析反应,同时还发生着化学絮凝作用,即形成的细小的非溶解状的固体物互相黏结成较大的絮凝体。在污水净化工艺中,絮凝和沉析都是极为重要的,但絮凝用于改善沉淀池的沉淀效果,沉析则用于污水中溶解性磷的去除。为了生成非溶解性的磷酸盐化合物,用于化学除磷的化学药剂主要是金属盐药剂和 $Ca(OH)_2$。许多高价金属离子药剂添加到污水中后都会与污水中的溶解性磷离子生成难溶性化合物,但出于经济原因考虑,用于磷沉析的金属盐药剂通常为 Fe^{3+} 盐、Fe^{2+} 盐和 Al^{3+} 盐。$Ca(OH)_2$ 常用作沉析药剂,反应生成不溶于水的磷酸钙。在沉析过程中,对于不溶性的磷酸钙的形成起主要作用的不是 Ca^{2+},而是 OH^-,因为随着 pH 的增大,磷酸钙的溶解性变小,采用 $Ca(OH)_2$ 除磷要求的 pH 大于 8.5。磷酸钙生成的化学反应方程式如下:

$$10Ca^{2+} + 6PO_4^{3-} + 2OH^- =\!=\!= Ca_{10}(OH)_2(PO_4)_6 \downarrow$$

但在 pH 8.5～10.5 的范围内除了会产生磷酸钙沉淀外,还会产生碳酸钙,反应方程式如下:

$$Ca^{2+} + CO_3^{2-} \longrightarrow CaCO_3 \downarrow$$

与钙进行磷酸盐沉析的反应除了受到 pH 的影响外,还受到碳酸氢根浓度(碱度)的影响。在一定的 pH 条件下,钙的投加量是与碱度成正比的。

三、仪器与试剂

1. 仪器

烧杯、pH 计、量筒、磁力搅拌器。

2. 试剂

磷酸二氢钾溶液、盐酸、氢氧化钠、氢氧化钙。

四、实验步骤

(1)配制模拟含磷废水:用磷酸二氢钾溶液配成 10 000 mg/L(以 P 计)的储备液,模拟含磷废水(100 mg/L)由储备液稀释而得。

(2)用量筒量取 200 mL 模拟废水于 8 个烧杯中,用盐酸或氢氧化钠溶液调节 pH 分别为 4、5、6、7、8、9、10、11,加入钙盐,磁力搅拌 10 min,加入少量磷灰石沉淀助凝,然后慢速搅拌 10 min,静置 30 min,上清液离心后测定总磷含量,比较不同 pH 时废液中磷的去除率。

(3)考察 pH=11 时,石灰投加量对废液中磷去除率的影响。

(4)用过硫酸钾消解钼酸铵分光光度法测定废液中的磷含量。

五、数据记录与处理

(1)将实验数据填入表 2-29、表 2-30。

表 2-29　溶液 pH 对磷去除率的影响

pH	4	5	6	7	8	9	10	11
P 去除率/%								

表 2-30　钙盐投加量对废液中磷去除率的影响

钙盐投加量/mg	20	40	60	80	100	120	140	160
P 去除率/%								

(2)根据所记录的实验数据分别作出废水中磷去除率与溶液 pH 和钙盐投加量的关系图,并进行分析和讨论。

六、注意事项

(1)化学法除磷最大的问题是会使污泥量显著增加,因为除磷时产生的金属磷酸盐和金属氢氧化物以悬浮固体的形式存在于水中,称为物化污泥。在初沉池前投加金属盐,初沉池污泥可以增加 60%～100%,整个污水处理厂污泥量增加 60%～70%。在二级处理过程中投加金属盐,剩余污泥量会增加 35%～45%,由此会增加处理厂污泥处理与处置的难度。

(2)化学除磷不仅使污泥量增加,而且使活性污泥浓度降低。

(3)铁盐除磷有时会使出水呈微红色。

七、问题讨论

（1）试分析氢氧化钙与金属盐药剂在去除废水中磷的工艺中作用的异同点。

（2）氢氧化钙去除废水中的磷受哪些因素影响？

八、知识链接

化学法除磷稳定性好，且其效率优于生物法除磷，出水总磷含量可满足低于 1 mg/L 的排放要求；当化学法联合生物处理时，出水总磷含量可望满足 0.5 mg/L 的排放要求；在化学法后增加出水过滤，出水总磷含量可达至 0.2 mg/L。

九、参考文献

［1］杨徐烽. 浅析废水除磷工艺［J］. 节能与环保，2020（3）：48 - 49.

［2］孟顺龙，裴丽萍，陈家长，等. 污水化学沉淀法除磷研究进展［J］. 中国农学通报，2012,28（35）：264 - 268.

第三部分

大气污染控制工程实验

实验二十一　粉尘真密度的测定

一、实验目的

（1）了解粉尘真密度的测定原理。

（2）掌握真空法测定粉尘真密度的方法。

（3）了解造成真密度测量误差的原因和减小误差的方法，进一步增强实验技能。

二、实验原理

粉尘的真密度是指粉尘质量和粉尘真体积的比值，真体积是总体积与其中空隙所占体积之差，真密度的单位为 g/cm^3。

在自然状态下，粉尘颗粒缝隙间存在空隙，有些是具有微孔的尘粒粉尘，此外，吸附作用导致有一层空气包围着尘粒的表面。在这个状态下测出来的粉尘体积中，空气体积占了相当大的比例，所以根据所测体积来决定粉尘本身的真实体积是不准确的，根据这个体积数值计算出来的密度也不是粉尘的真密度，而是堆积密度。

用真空法测定粉尘的真密度，是在装有一定量粉尘的比重瓶内形成适量的真空度，进而驱散粒子间及粒子本体吸附的空气，用一种已知真密度的液体填充粒子间的间隙，通过称量，计算得出真密度数值的方法。称量过程中的数量关系如图 3-1 所示。

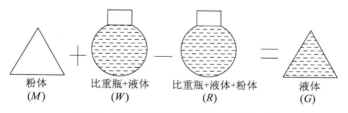

$$粉体 \quad + \quad 比重瓶+液体 \quad - \quad 比重瓶+液体+粉体 \quad = \quad 液体$$
$$(M) \qquad\qquad (W) \qquad\qquad (R) \qquad\qquad (G)$$

图 3-1　粉尘真密度测定中的数量关系

实验用粉尘真密度计算公式为

$$\rho_p = \frac{M}{V} = \frac{M}{\dfrac{G}{\rho_L}} = \frac{M}{\dfrac{M+W-R}{\rho_L}} = \frac{M\rho_L}{M+W-R} \tag{3-1}$$

式中，M 为粉尘尘样的质量，g；W 为比重瓶和液体的总质量，g；R 为比重瓶、剩余液体和

粉尘的总质量,g;G 为排出液体的质量,g;V 为粉尘的真体积,cm³;ρ_L 为液体的密度,g/cm³;ρ_p 为粉尘的真密度,g/cm³。

三、仪器与试剂

1. 实验装置

实验装置如图 3-2 所示。

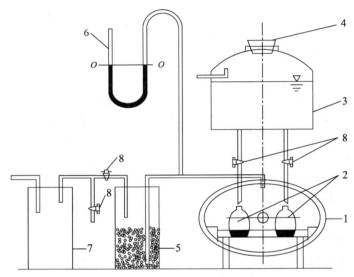

1—真空缸;2—比重瓶;3—贮液缸;4—橡皮塞;5—干燥瓶;6—U形压力计;7—真空泵;8—活塞。

图 3-2 真空法测定粉尘真密度装置示意图

2. 仪器

带有磨口毛细管塞的比重瓶 3~4 个,分析天平(分度值为 0.000 1 g)1 台,电烘箱 1 台,干燥器 1 个,烧杯 1 个,抽真空装置 1 套。

3. 试剂及材料

滑石粉、蒸馏水和滤纸等。

四、实验步骤

(1) 清洗比重瓶,放入电烘箱内烘干,然后放入干燥器中使它自然冷却至室温,取出称重并记下质量 m_0。

(2) 称取具有代表性的粉尘试样(约 25 g)放入电烘箱内,调整温度至(110±5)℃,烘干至恒重,置于干燥器中自然冷却至室温(如果是三个实验瓶,应取三个 25 g 试样),记下粉尘质量 m_c。

(3) 取出 3~4 个被干燥过的比重瓶,将比重瓶加蒸馏水至刻度线,保证瓶子外壁没有水滴,称取质量并记下瓶和水的质量 m_1。

(4) 清理掉比重瓶中的水,另外加入粉尘 m_c(比重瓶中试样不少于 20 g)。

(5) 用滴管往装有粉尘的比重瓶内逐渐加入蒸馏水,至瓶体积的一半左右,放置在真空干燥器内,打开真空泵,使真空度保持在 0.1 atm 下 15~20 min,以便抽真空,排除粉尘颗粒间隙的空气,同时去除蒸馏水中的气泡。

（6）关闭真空泵，停止抽气，并打开放气阀，缓慢地向真空干燥器内放入空气，等到真空表恢复常压以后再打开真空干燥器，取出比重瓶，加蒸馏水至比重瓶的刻度线处，保证瓶子外壁没有水滴后再称重，记下质量 m_2。

五、数据记录与处理

将实验数据记入表 3-1。

表 3-1　实验数据记录表

比重瓶编号	粉尘质量 m_c/g	比重瓶质量 m_0/g	比重瓶和水的质量 m_1/g	比重瓶、粉尘和水的质量 m_2/g	粉尘真密度 /（kg/m³）
平均值					

六、注意事项

实验过程中取三个试样的实验结果的平均值作为粉尘真密度的报告值，三个试样测定的绝对误差不超过 ± 0.02 g/cm³。

七、问题讨论

（1）结合实验测定的结果，讨论该实验过程中可能产生误差的原因及可以改进的措施。

（2）实验用浸液有什么要求？为什么？

（3）浸液为什么要抽真空脱气？

八、知识链接

作为测定粉尘粒度分布的依据，粉尘真密度在探究粉尘的运动规律中起到了关键作用。另外，粉尘真密度在探究粉尘粒子沉降规律及除尘器设计方面都具有非常重要的意义。所以，为了提高防尘效果、评价粉尘危害程度、进行除尘器的研究设计和提高除尘器产品质量，研究出粉尘真密度的测定方法是具有现实意义的。

九、参考文献

［1］张小涛，曹树刚，李德文. 基于附壁射流的控、除尘一体化技术研究［J］. 中国矿业大学学报，2019，48（3），495－502.

［2］杨建军，杜利劳，马启翔，等. 湿电除尘器 PM2.5 现场实测与特征变化研究［J］. 安全与环境学报，2019，19（3）：971－977.

［3］陈强，王慧贞，史传洲. 高压开关型脉冲静电除尘电源研究［J］. 电力电子技术，2019，53（7）：22－25.

［4］杨建军，杜利劳，马启翔，等. 基于现场实测的湿电除尘器颗粒物特性变化研究［J］. 环境保护科学，2019，45（3）：45－50.

实验二十二　环境空气 TSP、PM_{10} 和 $PM_{2.5}$ 的测定——重量法

一、实验目的

(1) 掌握空气中可吸入颗粒物(PM_{10})和总悬浮颗粒物(TSP)采样点的布设。

(2) 掌握重量法测定空气中 TSP、PM_{10} 和 $PM_{2.5}$ 的基本原理。

(3) 了解空气中 TSP、PM_{10} 和 $PM_{2.5}$ 的来源及对人体的危害。

(4) 分析影响测定准确度的因素及控制方法。

二、实验原理

运用一定切割特性的采样器,匀速抽取一定量体积的空气,在已知质量的滤膜上截留环境空气中的 $PM_{2.5}$ 和 PM_{10},根据采样前后滤膜的重量差和采样体积,计算出 $PM_{2.5}$ 和 PM_{10} 浓度。

三、仪器与材料

大气采样器,PM_{10} 和 $PM_{2.5}$ 切割器,滤膜,分析天平,烘箱。

四、实验步骤

1. 称量滤膜

在滤膜称量之前,需要对滤膜进行检查。对滤膜进行透光检查,确认无针孔或其他缺陷并去除滤膜周边的绒毛后,放入平衡室内平衡 24 h。在样品滤膜称量之前,需进行标准滤膜的称量:取清洁滤膜若干,在平衡室内称量,保证每一张滤膜称量 10 次以上,并且计算每一张滤膜质量的平均值,得出滤膜的原始质量,即为标准滤膜的质量。在平衡室内迅速称量已平衡 24 h 的清洁滤膜(或样品滤膜),读数精确至 0.01 mg,并迅速称量标准滤膜两张,若称量的质量与标准滤膜的质量相差小于 5 mg,记下清洁滤膜(或样品滤膜)储存袋的编号和相应滤膜质量,并将其放入滤膜储存袋中,然后储存于盒内备用;若质量相差大于 5 mg,则应检查称量环境是否符合要求,并重新称量该样品滤膜。

2. 采样点的布置

采样点的设置依据以下原则进行:

(1) 将整个监测区分成高、中、低三种不同污染物的地方,并且在这三种地方分别设置采样点。

(2) 当污染源较为集中、主导风向较为明显时,主要监测范围就可以确定在污染源的下风向,在下风向布设较多的采样点,在上风向布设较少的采样点作为对照。

(3) 采样点四周应该保持开阔,采样口水平线和周围遮挡物的高度夹角应该小于等于 30°,还要保证检测点四周没有局部污染源,并且应该避让树木和吸附能力较强的建筑物。交通密集区的采样点应设在距人行道边缘至少 1.5 m 处。

(4) 采样口应在离地面 1.5～2 m 处;如果放在屋顶上采样,采样口应保持与地面有 1.5 m 以上的相对高度,以避免扬尘的影响。

(5) 采样点的数目及布点方法:在一个监测区域内,采样点设置数目应根据监测范围大小、污染物空间分布和地形地貌特征、人口分布及其密度、经济条件等因素综合考虑确定。一般情况下,采样点数目是与经济投资和精度要求相关的效益函数。监测区域内

采样点总数确定后,可采用经验法、统计法和模拟法等进行采样点布设,常见的布点方法有功能区布点法、网格布点法、同心圆布点法和扇形布点法等。在实际工作中,应因地制宜,使采样点的设置趋于合理,往往采用以一种布点方法为主,其他方法为辅的综合布点方法。

3. 采样阶段

（1）采样系统的组装。按图 3-3 的连接方式将采样器在选定的位置上安装,采样器高度距地面 1.2 m,再连接电路,在未确认连接正确之前不得接通电源。

（2）安装油层。将已称量好的清洁滤膜从储存袋中取出,毛面朝上迎对气流方向。平放在采样器的托盘上,按紧加固圈和密封圈后,拧紧采样夹。

（3）按预定流量（一般为 100 L/min）开始采样时,开启计时开关,并记录环境空气中大气压力、温度、风向和风速等参数。

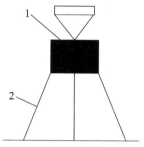

1—PM_{10} 采样器；2—三脚架。

图 3-3　大气采样装置图

（4）测定日平均浓度一般从当日上午 8:00 开始采样至次日 8:00 结束。

在环境空气监测中,按 HJ/T 194—2017 的要求来执行采样环境及采样频率。采样的时候,采样器入口与地面应保持不得低于 1.5m。采样地的风速应该小于 8 m/s。采样点需避开污染源和障碍物。如果测定交通枢纽处的 PM_{10} 和 $PM_{2.5}$,采样点应布置在距人行道边缘外侧 1 m 处。当采用间断采样方式测定日平均浓度时,其次数应多于 4 次,累积采样时间应该大于等于 18 h。采样时,用镊子把已经称重的滤膜放置在采样夹内的滤网上,滤膜毛面面对进气方向。然后将滤膜牢固压紧至不漏气。如测定任何一次浓度,每次需更换滤膜；如测定日平均浓度,样品可采集在一张滤膜上。采样结束后,用镊子取出,将有尘面对折两次,放入样品盒或纸袋,并做好采样记录。

样品保存：采样结束后,如不能立即称重滤膜,应将其冷藏保存在 4 ℃ 条件下。

五、数据记录与处理

将实验数据填入表 3-2。

表 3-2　采样记录表

采样地点：_____　　温度：_____　　压强：_____

实验编号				
风速/(m/s)				
采样流量/(m³/s)				
采样时间/min				
清洁滤膜质量/g				
尘膜质量/g				
样品质量/g				

续表

实验编号					
TSP 浓度/(mg/m³)					
PM$_{2.5}$浓度/(mg/m³)					
PM$_{10}$浓度/(mg/m³)					

六、注意事项

（1）在运输、使用中，要防止采样器受到强烈的震动撞击或者灰尘、雨雪的损害。

（2）现场采样时，应反复确认使用的是 220 V 交流电。防止发生误接工业电源而破坏采样器，更严重的会造成人身伤害。

（3）用采样器大气采样时，采样前应将干燥器和吸收瓶与采样器正确连接，TSP 采样时应安装滤膜后才能开机运行，以免灰尘、杂物吸入传感器及采样泵而损害采样器。

（4）采样过程中应关注干燥剂的干燥能力，在干燥剂 2/3 变色后应及时更新。

（5）关机后应间隔 5 s 以上才能再开机。

（6）TSP 采样时空白滤膜的计前压力不应超过 5 kPa，否则将造成采样器损坏。

七、问题讨论

（1）除了重力法之外，测定大气颗粒物的方法还有哪些？

（2）大气颗粒物中主要的有害物质有哪些？它们对人体有哪些危害？

（3）安装滤膜时，为什么要毛面朝上？

八、知识链接

随着大气污染控制和能源结构的改变，颗粒物污染越来越表现为细颗粒和超细颗粒的污染，我国空气质量标准依次从 TSP、PM$_{10}$ 到 PM$_{2.5}$ 进行了修订。其中，以 PM$_{2.5}$ 为首的超细污染物引起的环境污染引起了人们的广泛关注。研究发现，PM$_{2.5}$ 的环境行为及环境效应如表 3-3 所示。

表 3-3 PM$_{2.5}$的环境行为及环境效应

编号	环境行为	环境效应
1	光的散射和吸收	降低大气能见度
2	云凝结核	致酸物质
3	干沉降	危害生态系统
4	远距离输送	区域性酸沉降区域及全球气候变化
5	污染物载体	携带有害有毒污染物
6	进入呼吸道	影响人体健康
7	化学反应床	多相化学反应

九、参考文献

[1] 王琼，尹奇德. 环境工程实验[M]. 2 版. 武汉：华中科技大学出版社，2018.

[2] 许宁. 大气污染控制工程实验[M]. 北京：化学工业出版社，2018.

［3］张理博,孙鹏,罗淑年.大气细颗粒物 PM2.5 的危害及其治理政策的研究[J].环境科学与管理,2020,45(4)：102－105.

［4］杨洪斌,邹旭东,汪宏宇,等.大气环境中 PM2.5 的研究进展与展望[J].气象与环境学报,2012,28(3)：77－82.

［5］陆建刚.大气污染控制工程实验[M]．2 版.北京：化学工业出版社,2016.

实验二十三 环境空气中二氧化硫的测定

一、实验目的

(1) 了解二氧化硫的测定原理。

(2) 了解分光光度法的测定原理。

(3) 掌握甲醛缓冲溶液吸收-盐酸副玫瑰苯胺分光光度法测定大气中二氧化硫操作技术。

二、实验原理

环境空气中的 SO_2 通过采集器收集后,被甲醛缓冲溶液所吸收,反应生成较为稳定的羟甲基磺酸加成化合物,加入氢氧化钠溶液分解此化合物,它将会释放出 SO_2,并与盐酸副玫瑰苯胺、甲醛发生化学反应,生成紫红色化合物,根据颜色深浅,用分光光度计在 577 nm 处测定吸光度。该方法适用的 SO_2 浓度测定范围为 $0.003\sim1.07$ mg/L。

三、仪器与试剂

1. 仪器

(1) 多孔玻板吸收管：10 mL(用于短时间采样)。

(2) 空气采样器：短时间采样的采样器,流量范围 $0\sim1$ L/min。

(3) 分光光度计：可见光波长 $380\sim780$ nm。

(4) 具塞比色管：10 mL。

(5) 恒温水浴器：广口冷藏瓶内放置圆形比色管架,插一支长约 150 mm,0 ℃～40 ℃温度计,其误差范围不大于 0.5 ℃。

2. 试剂

(1) 1.5 mol/L 氢氧化钠溶液：称取氢氧化钠 6 g 溶于水中,稀释至 100 mL。

(2) 0.050 mol/L 环己二胺四乙酸二钠溶液(CDTA-2Na)：称取 1.82 g 反式 1,2-环己二胺四乙酸(CDTA),向其中加入 6.5 mL 氢氧化钠溶液(1.5 mol/L),搅拌充分溶解之后再用水稀释至 100 mL。

(3) 甲醛缓冲吸收贮备液：吸取 5.5 mL 36%～38% 的甲醛溶液,吸取上述 CDTA-2Na 溶液 20.00 mL,称取 2.04 g 邻苯二甲酸氢钾,在少量水中充分溶解,把三种溶液混合并且用水稀释至 100 mL,在冰箱中贮藏。

(4) 甲醛缓冲吸收液：现配现用。用水将甲醛缓冲吸收贮备液稀释 100 倍。稀释后的溶液每毫升含 0.2 mg 甲醛。

(5) 0.60%(m/V)氨磺酸钠溶液：称量 0.60 g 氨磺酸(H_2NSO_3H)放入烧杯中,另加入 4.0 mL 氢氧化钠溶液(1.5 mol/L),充分搅拌至完全溶解后移入 100 mL 容量瓶内,用水稀释至标线,摇匀。此溶液密封保存,可用 10 天。

(6)碘贮备液,$c\left(\frac{1}{2}I_2\right)=0.10$ mol/L:称量 12.7 g 碘(I_2)放置烧杯内,向烧杯中加入 40 g 碘化钾和 25 mL 水,充分搅拌至完全溶解,用水稀释至 1 000 mL,贮存在棕色细口瓶中。

(7)碘使用液,$c\left(\frac{1}{2}I_2\right)=0.05$ mol/L:量取碘贮备液 250 mL,用水稀释至 500 mL,贮于棕色细口瓶中。

(8)0.5%淀粉溶液:称量 0.5 g 可溶性淀粉,加入适量的水,搅拌调成糊状(可加 0.2 g 二氯化锌防腐),缓缓倒进 100 mL 沸水中,然后保持煮沸状态至溶液澄清,冷却至室温后贮藏于试剂瓶中。现配现用。

(9)碘酸钾标准溶液,$c\left(\frac{1}{6}I_2\right)=0.100\ 0$ mol/L:称取 3.566 7 g 碘酸钾(优级纯,经 110 ℃干燥 2 h)溶于水,搅拌均匀后转移到 1 000 mL 容量瓶中,加水稀释至标线,摇匀。

(10)盐酸溶液:量取 10 mL 浓盐酸,与 90 mL 水混合。

(11)硫代硫酸钠贮备液,$c(Na_2S_2O_3)=0.10$ mol/L:称取 25.0 g 硫代硫酸钠($Na_2S_2O_3 \cdot 5H_2O$)溶于 1 000 mL 新煮沸但已冷却的水中,加入 0.20 g 无水碳酸钠(Na_2CO_3),贮于棕色细口瓶中,放置一周后备用。若溶液浑浊,则必须对其过滤。

(12)硫代硫酸钠标准溶液,$c(Na_2S_2O_3)=0.05$ mol/L:量取 250.0 mL 硫代硫酸钠贮备液,倒入 500 mL 容量瓶中,加入煮沸后冷却的水稀释至标线,摇匀,贮于棕色细口瓶中。

标定方法:准备 250 mL 碘量瓶,将三份 0.100 0 mol/L 的碘酸钾标准溶液 10.00 mL 倒入瓶内,往里面加入 70 mL 新煮沸后冷却的水,加 1 g 碘化钾,摇匀至完全溶解后,加 10 mL 盐酸溶液(1:9),立即盖好瓶塞,摇匀,放置在暗处 5 min 后,用硫代硫酸钠标准溶液滴定溶液至浅黄色,加 2 mL 淀粉溶液,继续滴定溶液至蓝色刚好褪去为终点。硫代硫酸钠标准溶液的浓度按下式计算:

$$c_{Na_2S_2O_3} = \frac{0.100\ 0 \times 10.00}{V} \tag{3-2}$$

式中,$c_{Na_2S_2O_3}$ 为硫代硫酸钠标准溶液的浓度,mol/L;V 为滴定所耗硫代硫酸钠标准溶液的体积,mL。

(13)0.05%(m/V)乙二胺四乙酸二钠盐(EDTA-2Na)溶液:称取 0.25 g EDTA-2Na 溶于 500 mL 新煮沸但已冷却的水中。

(14)二氧化硫标准溶液:称取 0.200 g 亚硫酸钠(Na_2SO_3)溶于 200 mL 浓度为 0.05%的 EDTA-2Na 溶液(用新煮沸并冷却的水配制)中,放置 2~3 h 后标定出准确浓度。此溶液每毫升相当于含 320~400 μg 二氧化硫。

标定方法:吸取三份 20.00 mL 二氧化硫标准溶液,分别置于 250 mL 碘量瓶中,加入 50 mL 新煮沸但已冷却的水、20.00 mL 0.05 mol/L 碘使用液及 1 mL 冰乙酸,盖塞,摇匀。于暗处放置 5 min 后,用 0.05 mol/L 硫代硫酸钠标准溶液滴定溶液至浅黄色,加入 2 mL 淀粉溶液,继续滴定至溶液蓝色刚好褪去为终点。记录体积消耗量 V。

另吸取三份配制亚硫酸钠溶液所用的 0.05% EDTA-2Na 溶液各 20 mL,用同法进行空白试验。记录滴定硫代硫酸钠标准溶液的体积 V_0。

注:平行样滴定所耗硫代硫酸钠标准溶液体积的差应不大于 0.04 mL,取其平均值。

二氧化硫标准溶液浓度按下式计算:

$$c_{SO_2} = \frac{(V_0 - V) \times c_{Na_2S_2O_3} \times 32.02}{20.00} \times 1\,000 \tag{3-3}$$

式中,c_{SO_2} 为二氧化硫标准溶液的浓度,$\mu g/mL$;V_0 为空白滴定所耗硫代硫酸钠标准溶液的体积,mL;V 为滴定二氧化硫标准溶液所耗硫代硫酸钠标准溶液的体积,mL;$c_{Na_2S_2O_3}$ 为硫代硫酸钠标准溶液的浓度,mol/L;32.02 为二氧化硫的摩尔质量,g/mol。

(15)二氧化硫标准贮备液(实验员配好):待标定出亚硫酸钠溶液中二氧化硫准确浓度后,立即用甲醛缓冲吸收液将亚硫酸钠溶液稀释成每毫升含 10.00 μg 二氧化硫的标准贮备液(存于冰箱,可存 3 个月)。

(16)二氧化硫标准使用液(实验时由学生配制):用甲醛缓冲吸收液稀释二氧化硫标准贮备液为每毫升含 1.00 μg 二氧化硫的标准使用液,用于绘制标准曲线。在冰箱中 5 ℃下保存。

(17)0.02%(m/V)盐酸副玫瑰苯胺(pararosaniline,简称 PRA,即副品红或对品红)贮备液:取正丁醇和 1.0 mol/L 盐酸溶液各 500 mL 于 1 000 mL 分液漏斗中,盖塞,振荡 3 min,使其互溶达到平衡,静置 15 min,待完全分层后,将下层水相和上层有机相分别移入细口瓶中备用。称取 0.100 g 盐酸副玫瑰苯胺($C_{19}H_{18}N_3Cl \cdot 3HCl$)于小烧杯中,加平衡过的 1.0 mol/L 盐酸 40 mL,用玻棒搅拌至完全溶解后,移入 250 mL 分液漏斗中,再用 80 mL 平衡过的正丁醇洗涤小烧杯数次,洗涤液并入同一分液漏斗中,盖塞,振荡 3 min,静置 15 min,等到完全分层后,将下层水相移入另一 250 mL 分液漏斗中,再加 80 mL 平衡过的正丁醇,依上法反复提取 8～10 次后,将水相滤入 50 mL 容量瓶中,用 1.0 mol/L 盐酸溶液稀释至标线,摇匀,此贮备液为橙黄色。

(18)0.05%(m/V)盐酸副玫瑰苯胺使用液:吸取 0.2% 的 PRA 贮备液 25.00 mL 移入 100 mL 容量瓶中,加 30 mL 85% 的浓磷酸、12 mL 浓盐酸,用水稀释至标线,摇匀,放置一晚再使用。密封并且避免光直接照射保存,可使用 9 个月。

四、实验步骤

1. 标准曲线的绘制

取 14 支 10 mL 具塞比色管,分 A、B 两组,每组 7 支,分别对应编号。

A 组按表 3-4 配制标准溶液系列。

表 3-4　二氧化硫标准系列

管号(A组)	0	1	2	3	4	5	6
二氧化硫标准溶液/mL	0	0.50	1.00	2.00	5.00	8.00	10.00
甲醛吸收液/mL	10.00	9.50	9.00	8.00	5.00	2.00	0
二氧化硫含量/μg	0	0.50	1.00	2.00	5.00	8.00	10.00

B 组各管内需加入 1.00 mL 0.05% PRA 溶液。A 组各管分别加入 0.60% 氨磺酸钠溶液 0.5 mL 以及 1.5 mol/L 氢氧化钠溶液 0.5 mL。再快速倒入对应编号的并盛有 PRA 溶液的 B 管中,快速用塞子塞住,混匀,然后置于恒温水浴中,等待显色,显色温度和室温之差应保持在 3 ℃ 以下,根据不同季节和环境条件按表 3-5 选择显色温度与显色时间。

表 3-5　显色温度与显色时间

显色温度/℃	10	15	20	25	30
显色时间/min	40	25	20	15	5
稳定时间/min	35	25	20	15	10

用 1 cm 比色皿,在波长 577 nm 处,以水为参比,测定吸光度。可以用最小二乘法计算标准曲线的回归方程式

$$y = bx + a$$

式中,y 为标准溶液吸光度 A 与试剂空白溶液吸光度 A_0 之差,即 $A - A_0$;x 为二氧化硫含量,μg;b 为回归方程的斜率(由斜率倒数求得校正因子:$B_S = 1/b$);a 为回归方程的截距(一般要求小于 0.005)。

要求校准曲线斜率为 0.044 ± 0.002,试剂空白溶液吸光度 A_0 在规定条件下波动幅度应小于 ±15%。另外,也可以根据校正吸光度-含量(mg)快速绘制标准曲线。

2. 采样

控制在短时间采集样品,多孔玻板吸收管要选取内装 10.00 mL 吸收液的,控制流量在 0.5 L/min 左右,阴暗处采样 60 min(每小时平均至少 45 min)。采样、运输和储存都应该避免光照。采样时吸收液的最佳温度应保持在 23 ℃～29 ℃。

3. 样品测定

样品溶液中出现浑浊物,用离心分离法去除。采样后样品放置 20 min,可以分解臭氧。

短时间样品:将样品溶液全部倒入 10 mL 的比色管内,用甲醛吸收液稀释至标线,加 0.5 mL 氨基磺酸钠溶液,混匀,放置 10 min 免除氮氧化物的干扰,以下步骤同标准曲线的绘制。

如样品吸光度超过校准曲线上限,则可用试剂空白溶液稀释,在数分钟内再测量其吸光度,但稀释倍数不要大于 6。

五、数据记录与处理

计算二氧化硫含量:

$$SO_2 \text{ 含量}(mg/m^3) = \frac{(A - A_0) \times B_S}{V_n} \times \frac{V_t}{V_a} \tag{3-4}$$

式中,A 为样品溶液的吸光度;A_0 为试剂空白溶液的吸光度;B_S 为校正因子(1/b),μg/吸光度;V_t 为样品溶液总体积,mL;V_a 为测定时所取样品溶液体积,mL;V_n 为标准状况(0 ℃,101.325 kPa)下的采样体积,L。

六、注意事项

（1）温度对显色有着比较大的影响，所以需要用恒温水浴法来对其进行温度控制。

（2）对品红提纯后可以适量减少试剂空白值和增加方法的灵敏度，提高酸度虽可降低空白值，但灵敏度也有所下降。

（3）由于六价铬能让紫红色配合物褪色并且产生负干扰，所以应尽量避免用硫酸或铬酸洗液洗涤玻璃器皿；若已洗，则要用盐酸（1∶1）浸泡1 h，再用水充分洗涤，除去六价铬。

（4）将含有标准溶液或样品溶液、吸收液、氨基磺酸钠及氢氧化钠溶液倒入对品红溶液中时，一定要倒干净，为此在绘制标准曲线及进行测定时，应尽量选择台肩小的比色管，同时每倒3个溶液后等3 min，再倒3个，依次进行，以确保每支比色管的显色时间皆为15 min。

（5）及时用酸洗涤用过的比色管及比色皿，否则会导致清洗困难。比色管用盐酸（1∶4）及1/3体积的95%乙醇混合液洗涤。

七、问题讨论

（1）能否使用铬酸洗液洗涤玻璃器皿？为什么？

（2）结合本次实验，分析温度对显色效果的影响。

八、知识链接

二氧化硫作为食品添加剂，国外和国内都规定了它的合理使用范围。一般情况下，二氧化硫在食品中是以亚硫酸钠、低亚硫酸钠、亚硫酸氢钠、焦亚硫酸钾、焦亚硫酸钠等亚硫酸盐的形式存在的。另外，由于二氧化硫具有护色、抗氧化、漂白和防腐的作用，食品中往往会采用硫黄熏蒸的方式来处理。在加工及贮藏时，二氧化硫可以防止蜜果、蔬菜、水果、白砂糖、凉果、鲜食用菌和藻类氧化褐变或微生物污染。二氧化硫具有抑制果蔬原料中氧化酶的活性，让果蔬色泽明亮美观等优点，可以利用它来熏蒸果蔬原料。在生产加工白砂糖的过程中，二氧化硫可以通过有色物质来漂白白砂糖。依照标准规定，适量摄入二氧化硫并不会伤害人体健康，但长期过量地与二氧化硫接触会使人体的呼吸系统和各类组织受到损害。国际上很多国家及地区都在二氧化硫的使用上有着明确规定。国际食品法典委员会（CAC）、澳大利亚、新西兰、欧盟、美国、加拿大等国际组织、国家及地区的法规和标准中都明文规定二氧化硫在相关食品中的使用。食品添加剂联合专家委员会（JECFA）对二氧化硫进行了安全性评估，并制定了每日允许摄入量（ADI）为$0\sim0.7$ mg/(kg·bw)。国际食品法典（CODEX STAN 212-1999）对食糖中的二氧化硫也做了限量要求，白砂糖中二氧化硫残留量应$\leqslant15$ mg/kg。

九、参考文献

[1] 凌晖. 定电位化学法—氧化碳对二氧化硫的测定影响及分析[J]. 广东化工，2019,46(9)：83-84.

[2] 刘智，沈伯雄，陈叮叮，等. SO_2氧化转化规律及其对商业SCR催化剂的影响分析[J]. 环境工程，2019,37(6)：5-11.

[3] 白雪洁，曾津. 空气污染、环境规制与工业发展——来自二氧化硫排放的证据[J]. 软科学，2019,33(3)：1-4,8.

[4] 卢福财,詹先志. 环境污染对制造业空间集聚的影响——基于新经济地理学视角[J]. 财经问题研究,2019(9):36-44.

实验二十四　室内空气污染监测

一、实验目的

(1) 了解室内空气主要污染物的来源及组成。

(2) 掌握室内空气污染采样点的布设和取样方法。

(3) 掌握室内空气主要污染物的检测方法及原理。

(4) 掌握室内空气污染评价方法。

二、实验原理

甲醛与酚试剂反应生成嗪,在 Fe^{3+} 存在下,嗪与酚试剂的氧化产物反应生成蓝绿色化合物,根据颜色深浅,用分光光度法测定。反应方程式如下:

在稀硫酸溶液中,氨与纳氏试剂作用生成黄棕色化合物,根据颜色深浅,用分光光度法测定。反应方程式如下:

$$2K_2HgI_4 + 3KOH + NH_3 \Longrightarrow O\underset{Hg}{\overset{Hg}{\diagup}}NH_2I + 7KI + 2H_2O$$

（黄棕色）

三、仪器与试剂

1. 仪器

大型气泡吸收管、活性炭吸附采样管、空气采样器、具塞比色管、吸管、分光光度计、气相色谱仪等。

2. 试剂

甲醛吸收液、硫酸铁铵溶液(10 g/L)、硫代硫酸钠标准溶液(0.1 mol/L)、甲醛标准溶液、色谱级苯系物、二硫化碳等。

四、实验步骤

1. 采样

甲醛：用装配有 5.0 mL 吸收液的气泡吸收管，利用大气采样器进行采样，采样 10 L。

苯系物：将采样管用乳胶管垂直连接到空气采样器的进气口处，以 0.5 L/min 的流量采样 100～400 min。采样结束后，将采样管两端密封，10 天内测定。

氨：用一个内装 10 mL 吸收液的大型气泡吸收管，以 1 L/min 的流量采样。采样体积为 20～30 L。

2. 标准曲线的绘制

甲醛：取若干支 10 mL 比色管，按浓度梯度配制系列标准甲醛溶液。然后向各管中加入 1% 硫酸铁铵溶液 0.40 mL，摇匀。在室温(8 ℃～35 ℃)下显色 20 min，在波长 630 nm 处，用 1 cm 比色皿，以水为参比，测定吸光度。根据吸光度与甲醛含量(μg)的数值，绘制标准曲线。

苯系物：分别取各苯系物贮备液 0 mL、5.0 mL、10.0 mL、15.0 mL、20.0 mL、25.0 mL 于 100 mL 容量瓶中，用 CS_2 稀释至标线，摇匀。另取 6 只 5 mL 容量瓶，各加入 0.25 g 粒状活性炭及不同的苯系物标液 2.00 mL，振荡 2 min，放置 20 min 后，在上述色谱条件下，各进样 5 μL，按所用气相色谱仪的操作要求测定标样的保留时间及峰高(峰面积)。绘制峰高(或峰面积)与含量之间关系的标准曲线。

氨：在各管中加入酒石酸钾钠溶液 0.20 mL，摇匀，再加入纳氏试剂 0.20 mL，放置 10 min(室温低于 20 ℃时，放置 15～20 min)。用 1 cm 比色皿，于波长 420 m 处，以水为参比，测定吸光度。根据吸光度与氨含量(μg)的数值，绘制标准曲线。

3. 样品的测定

甲醛：采样后，将样品溶液移入比色皿中，用少量吸收液洗涤吸收管，洗涤液并入比色管，使总体积为 5.0 mL。室温(8 ℃～35 ℃)下放置 80 min，然后根据绘制标准曲线的操作方法测定吸光度，并做好记录。

苯系物：利用纯化后的二硫化碳，将采样管中的活性炭进行浸泡，振荡、洗涤后，利用采样针吸取 5 μL 液体注入色谱仪，记录出峰时间和峰面积。

氨：采样后，将样品溶液移入 10 mL 具塞比色管中，用少量吸收液洗涤吸收管，洗涤液并入比色管，用吸收液稀释至 10 mL 标线，然后根据绘制标准曲线的操作方法测定吸光度，并做好记录。

五、数据记录与处理

将实验数据填入表 3-6。

表 3-6 实验数据记录表

组号	采样流量 /(L/min)	采样时间 /min	采样标准体积 /L	吸光度	污染物浓度 /(mg/m³)

六、注意事项

(1) 绘制标准曲线时与样品测定时的温差应不超过 2 ℃。

(2) 二硫化碳使用之前必须纯化。

(3) 硫化氢、三价铁离子等金属离子会干扰氨的测定,加入酒石酸钾钠可以消除三价铁离子的干扰。

七、问题讨论

(1) 室内空气中常见的污染物有哪些?对人体有何危害?

(2) CO、CO_2 以及甲醛、苯、氨、甲苯、二甲苯、TVOC 的检测方法有哪些?其原理分别是什么?

(3) 提高室内空气质量的措施有哪些?

八、知识链接

室内空气污染物的种类主要包括氨、甲醛、甲苯、TVOC 和氡。这些污染物的来源及危害如表 3-7 所示。

表 3-7 室内空气污染物的来源及危害

污染物种类	主要来源	危害
氨	建筑混凝土外加剂及室内装修材料	对人体的上呼吸道有刺激和腐蚀作用,引起头晕、恶心等症状
甲醛	室内装修及装饰材料	刺激皮肤黏膜,引发各种不适;长期接触甲醛可导致支气管哮喘、结膜炎、鼻炎、咽炎等慢性疾病,甚至导致慢性阻塞性肺疾病;此外,甲醛具有致癌作用
甲苯	汽车尾气及打印设备	引起麻醉,刺激呼吸道,并在体内神经组织及骨髓中积累,损坏造血功能,短时间吸入 4 000 ppm 以上的苯除有黏膜及肺刺激性外,对中枢神经亦有抑制作用,同时会伴有头痛、欲呕、步态不稳、昏迷、抽筋及心律不齐
TVOC	建筑材料、清洁剂、油漆、含水涂料、黏合剂、化妆品和洗涤剂	引起机体免疫水平失调,影响中枢神经系统功能,出现头晕、头痛、嗜睡、无力、胸闷等自觉症状;还可能影响消化系统,导致食欲不振、恶心等,严重时可损伤肝脏和造血系统,出现变态反应等症状
氡	建筑材料及自然界释放	吸入体内后,可诱发肺癌,长期暴露在高浓度下,容易诱发细胞病变

九、参考文献

[1] 朱颖心. 建筑环境学[M]. 2 版. 北京:中国建筑工业出版社,2005.

［2］袁琦文.室内环境空气污染对人体的危害及其防治［J］.资源节约与环保,2020 (6)：120.

［3］刘雨竹,岑思婷,谢春花,等.室内空气污染现状及防治策略研究［J］.中外企业家,2019(36)：213.

［4］Tran V V,Park D,Lee Y C. Indoor Air Pollution,Related Human Diseases,and Recent Trends in the Control and Improvement of Indoor Air Quality［J］. International Journal of Environmental Research and Public Health,2020,17(8)：2927.

实验二十五　旋风除尘器性能测定

一、实验目的

(1) 加深对旋风除尘器结构形式和除尘机理的认识。

(2) 掌握旋风除尘器主要性能的实验研究方法。

(3) 掌握管道内的风量和除尘效率的算法。

二、实验原理

旋风除尘的工作原理(图 3-4)：含尘气体从入口进入,在外壳与排气管之间形成外涡旋,外涡旋随着圆筒体由上往下呈螺旋状运动,气体中尘粒在运动过程中由于受到离心力的作用将与外壁发生碰撞,随后沿着壁面进入集灰斗。到达底部的气流在轴心改变方向,形成由下往上运动的内涡旋,并由除尘器的排气管排出。

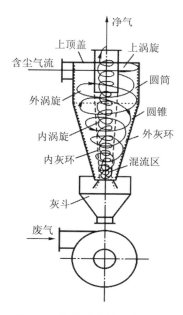

图 3-4　旋风除尘的工作原理

旋风除尘器的除尘效率与除尘器的各个部件的尺寸比例有着密切的联系,其中除尘器直径、进气口尺寸、排气管直径是主要影响因素。

三、实验装置

旋风除尘器性能测定实验装置如图 3-5 所示。

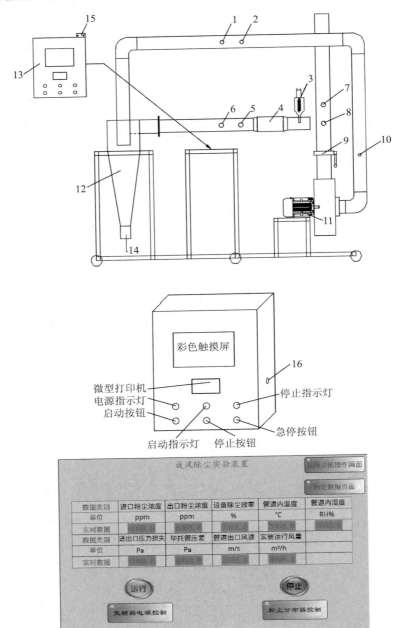

1—静压检测点;2—温度湿度检测仪;3—自动发尘装置;4—气体混合罐;5—进气粉尘检测点;6—静压检测点;7—出气粉尘检测点;8—毕托管(风速测量);9—蝶阀;10—粉尘抽气口;11—风机(配变频器);12—旋风除尘器;13—控制电箱;14—卸灰斗;15—压差传感器;16—发尘调节旋钮。

图 3-5　旋风除尘器性能测定实验装置图

四、实验步骤

（1）检查设备系统外况和全部电气连接线有无异常（如管道设备有无破损等），一切正常后开始操作。

（2）打开蝶阀，然后在彩色触摸屏上点击"变频器电源控制"按钮，风机运行，管道中通有一定的风量。实验过程中可以调节变频器进行不同风量参数的实验。

（3）将一定量的粉尘加入自动发尘装置，在彩色触摸屏上点击"粉尘分布器控制"按钮，然后调节发尘调节旋钮，调节发尘装置上搅拌电机的转速控制加灰速率；此时粉尘在风力带动下进入板式静电除尘器中进行除尘反应。

（4）读取触摸屏上实验系统自动采集到的风量、风速、风压、除尘效率、粉尘出、入口浓度、环境空气湿度和温度数据；也可启动打印开关，将数据输出。

（5）为了得出相关的除尘性能的结论，实验过程中，可以通过改变风量的大小和粉尘的进入量进行平行实验和梯度实验，然后通过对数据的处理和分析得出结论。

（6）实验完毕后依次关闭发尘装置、主风机，待设备内粉尘沉降后，清理卸灰装置。

（7）关闭控制箱主电源。

五、数据记录与处理

将实验数据记入表 3-8。

表 3-8　实验记录表

环境温度		环境湿度	
工况 1-1			
风量		风速	
粉尘进口浓度		粉尘出口浓度	
风压		效率	
工况 1-2			
风量		风速	
粉尘进口浓度		粉尘出口浓度	
风压		效率	
工况 1-3			
风量		风速	
粉尘进口浓度		粉尘出口浓度	
风压		效率	
工况 2-1			
风量		风速	
粉尘进口浓度		粉尘出口浓度	
风压		效率	

续表

工况 2 - 2			
风量		风速	
粉尘进口浓度		粉尘出口浓度	
风压		效率	
工况 2 - 3			
风量		风速	
粉尘进口浓度		粉尘出口浓度	
风压		效率	

1. 风速计算

$$w_p = 0.5 \cdot r_0 \cdot v^2 \tag{3-5}$$

式中, w_p 为风动压, kN/m^2 ; r_0 为空气密度, kg/m^3 ; v 为风速, m/s 。

2. 风量计算

风速乘以管道截面积即为风量:

$$Q = v \cdot \pi r^2 \tag{3-6}$$

式中, Q 为风量, v 为风速, r 为管道半径(本实验所用管道内径为 104 mm)。

3. 除尘效率计算

$$\eta = 1 - \frac{c_2}{c_1} \tag{3-7}$$

式中, η 为除尘效率, c_2 为出口粉尘浓度, c_1 为入口粉尘浓度。

六、注意事项

(1) 必须熟悉仪器的使用方法。

(2) 旋风除尘器使用一定时间后,必须定时清洁,以保证其测量精度。

(3) 旋风除尘器长期不使用时,应将装置内的灰尘清理干净,将装置放在干燥、通风的地方。再次使用前要先将装置内的灰尘清理干净。

七、问题讨论

(1) 旋风除尘器的工作原理是什么?

(2) 影响旋风除尘器性能的因素有哪些?

(3) 旋风除尘器适合应用于哪些情况下颗粒物的去除?

八、知识链接

旋风除尘器内尘粒的分离理论主要有以下三种:

1. 转圈理论

转圈理论认为,在离心力作用下,旋风除尘器内气流中的尘粒以离心沉降速度由内向外穿过整个气流,经过一定的旋转圈数,最后到达器壁而被分离。

2. 筛分理论

筛分理论认为,在除尘器中的粉尘颗粒都同时受到两个作用力,一个是离心力,它使颗粒外移,另一个是向心力,这两个力作用方向相反,离心力使粉尘向外运动,向心力使粉尘向内运动。这时,存在一粒径为d_c的颗粒,使颗粒受到的离心力与向心力相等。因而设想在平衡处有一筛网,$d>d_c$的尘粒都被截留,而$d<d_c$的尘粒排出除尘器。

3. 边界层分离理论

1972年,Leith及Wlicht推出了横向渗混模型,认为在分离器的任一模截面上,颗粒浓度的分布是均匀的,在近壁处的边界层内是层流流动,只要颗粒在离心效应下浮游进入此边界层内就被捕集分离下来,这就是边界层分离理论。

九、参考文献

[1] 张莉,余训民,祝启坤. 环境工程实验指导教程——基础型、综合设计型、创新型[M]. 北京:化学工业出版社,2011.

[2] 李兆华,胡细全,康群. 环境工程实验指导[M]. 武汉:中国地质大学出版社,2010.

[3] 陈宏基. 旋风除尘器机理性能研究及改进[D]. 无锡:江南大学,2006.

[4] 舒帆. 旋风除尘器除尘效率的影响因素分析[J]. 水泥技术,2009(2):89-92.

[5] 阮飞,田震,史长轩,等. 旋风除尘器结构参数对其性能的影响[J]. 环保科技,2018,24(2):9-12,33.

实验二十六 机械振打袋式除尘器除尘实验

一、实验目的

(1)了解袋式除尘器的除尘原理。

(2)观察含尘气流在袋式除尘器内的运动状况。

(3)根据实验数据计算除尘效率。

二、实验原理

含尘气流会从圆筒形滤袋的底部进入,在经过滤料间隙的时候粉尘会积攒在其内表面,清洁气体穿过滤料从排出口排出。堆积在滤料上的粉尘由于机械振动会从滤料内表面脱落,汇入灰斗中,从而完成气体除尘过程。

三、实验装置

机械振打袋式除尘装置如图3-6所示。

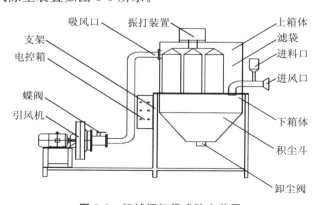

图3-6 机械振打袋式除尘装置

四、实验步骤

（1）认识并检查实验流程。

（2）称量准备加入的粉尘质量 m，并对粉尘进行筛分、称重，记录各粒径范围内的粉尘质量 $m_1 \sim m_n$。

（3）将称量好的粉尘一并加入粉尘入口锥斗中。

（4）接通电源，再开启风机。

（5）开启粉尘入口阀，将粉尘由进料口中投入。

（6）停风机，开振动装置，振打滤袋，收集粉尘。

（7）称量集灰瓶内的粉尘 m'，并将其进行筛分、称重，记录各粒径范围内的粉尘质量 $m'_1 \sim m'_n$。

五、数据记录与处理

将实验数据记入表 3-9、表 3-10。

表 3-9　袋式除尘器分离效率

序号	空瓶质量/g	瓶与加尘量/g	加尘量/g	瓶与集尘量/g	集尘量/g	分离效率/%
1						
2						
3						

表 3-10　袋式除尘器分级效率

粒径范围/目	加尘量/g	集尘量/g	频数分布/%	分离效率/%

六、注意事项

（1）清灰频率可根据除尘器的缩胀时间和空气压缩机的压力指示进行适当调整。

（2）本实验应避免使用黏结性和吸水性粉尘，最好采用碳酸钙粉末或火力发电厂电除尘除下的粉尘。

（3）粉尘入口浓度可通过发尘量进行适当调整。

七、问题讨论

（1）用发尘量求得的入口含尘浓度和用等速采样法测得的入口含尘浓度，哪个更准确些？为什么？

（2）压差计读出的数据与压力损失有什么关系？

（3）如何根据压差计读数判断除尘器的运行状况？

八、知识链接

化工企业一般会在粉尘量超标的岗位设置除尘器来减少粉尘对工人健康的损害。这些除尘器有很多种类，有些是利用吸尘口的负压，让粉尘被吸进袋式除尘器的滤袋中，粉尘便会残留在滤袋的内壁上,而清洁之后的空气将通过排出口进入大气中;等到滤袋中积累到一定量粉尘的时候,便可以运用反吹技术(气流方向与吸尘时的方向相反)或机械技术将粉尘吹到集灰器内清除积灰。一般大中型容量的除尘器反吹法用得比较多,但其投资大,结构复杂,占地面积大;而中小型容器的除尘器往往使用机械法去除积灰,机械法通常使用的是机械敲打等类型技术,但其往往具有效率低下、易损坏等缺点。

九、参考文献

[1] 李俊,史博,张志荣,等. 基于相位敏感型光时域反射仪的袋式除尘器漏袋检测技术[J]. 光子学报,2019,48(8):69-81.

[2] 张茜. 袋式除尘器清灰方式的专利技术分析[J]. 河南化工,2019,36(6):9-11.

[3] 侯淼,刘然,赵俊,等. 烟气脱汞技术的研究与展望[J]. 矿产综合利用,2019(5):17-21.

实验二十七　静电除尘器性能测定

一、实验目的

(1) 了解静电除尘器的电极配置和供电装置。

(2) 观察电晕放电的外观形态。

(3) 测定板式静电除尘器的除尘效率。

(4) 测定管道中各点流速和气体流量。

(5) 测定板式静电除尘器的压力损失和阻力系数。

(6) 测定静电除尘器的风压、风速、电压、电流等对除尘效率的影响。

二、实验原理

静电除尘器是运用静电力(库仑力)来分离气体中的粉尘和液滴的除尘设备,也称电除尘器、电收尘器。静电除尘器有着异于其他除尘器的优点,即对所有粉尘、烟雾乃至极其微小的颗粒都有高效率的除尘效果;在高温、高压下也能运行;设备阻力小(100~300 Pa),耗能低,维护检修简单且易操作。

在电场力的作用下,静电除尘器中荷电极性不同的尘粒会往不同极性的电极运动。在电晕区以及接近电晕区的一部分荷电尘粒与电晕极的极性相反,便会沉积下来,电晕区区域小,捕集范围小。在电晕区外的尘粒基本上都带有与电晕极极性相同的电荷,因此,当这些荷电尘粒靠近收尘极表面的时候,会沉积于极板上而被捕集。捕集尘粒的影响因素很多,如尘粒的比电阻、介电常数和密度,气体的流速、温度,电场的伏安特性,以及收尘极的表面状态等。要从理论上对每一个因素的影响皆表达出来是不可能的,因此尘粒在静电除尘器的捕集过程中,需要根据试验或经验来确定各因素的影响。

除尘效率是静电除尘器的一个重要技术参数,也是设计计算、分析比较评价静电除尘器的重要依据。通常任何除尘器的除尘效率 $\eta(\%)$ 均可按下式计算:

$$\eta = 1 - \frac{c_2}{c_1} \tag{3-8}$$

式中,c_2 为静电除尘器出口烟气含尘浓度,g/m^3;c_1 为静电除尘器入口烟气含尘浓度,g/m^3。

随着除尘器的连续工作,电晕极和收尘极上会有粉尘颗粒沉积,粉尘层厚度为几毫米。粉尘颗粒沉积在电晕极上会影响电晕电流的大小和均匀性。收尘极上粉尘层较厚时会导致火花电压降低,电晕电流减小。为了保持静电除尘器连续运行,应及时清除沉积的粉尘。收尘极清灰方法有湿式、干式和声波三种方法。本实验设备为干式静电除尘器,所以所使用的清灰方式为机械撞击或电磁振打产生的振动力清灰。干式振打清灰需要合适的振打强度。合适的振打强度和振打频率一般在现场调试中确定。

三、实验装置

实验装置如图 3-7 所示。

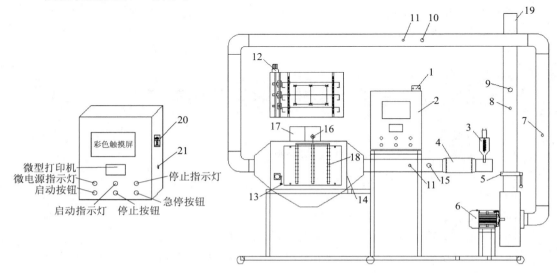

1—压差传感器;2—控制电箱;3—自动发尘装置;4—气体混合罐;5—蝶阀;6—风机(配有变频器);7—粉尘抽气口;8—毕托管;9—出气粉尘检测口;10—温湿度检测仪;11—静压测点;12—振动电机;13—振打锤;14—孔板;15—进气检测口;16—电极板位置调节阀;17—高压电源发生器(静电量调节仪);18—电极板;19—出气口;20—振动电机调节仪;21—发尘调节仪。

图 3-7 静电除尘器性能测定实验装置图

四、实验步骤

（1）首先检查设备系统外况和全部电气连接线有无异常（如管道设备有无破损等），一切正常后开始操作。

（2）将设备连接电源，按下电控箱上的启动按钮，在彩色触摸屏上选择近端控制，然后点击彩色触摸屏界面进行实验操作。

（3）打开高压电源发生器的开关，调节到一定的电压，调节电极板位置调节阀，将电极板调到刚刚可以产生电晕的距离，进行实验。在实验过程中，可以设计不同的电压参数和不同的电极板距离参数进行实验，从而得出除尘效率最高的电压参数和电极板距离参数。

（4）打开蝶阀，然后点击彩色触摸屏上的"变频器电源控制"按钮，风机运行，管道中通有一定的风量。实验过程中可以通过调节变频器进行不同风量参数的实验。

（5）将一定量的粉尘加入自动发尘装置，在彩色触摸屏上点击"粉尘分布器控制"按钮，然后调节发尘调节仪，调节发尘装置上搅拌电机的转速控制加灰速率；此时粉尘在风力带动下进入板式静电除尘器中进行除尘反应。

（6）读取触摸屏上实验系统自动采集到的风量、风速、风压、除尘效率、粉尘出入口浓度、环境空气湿度和温度数据；也可启动打印开关，将数据输出。

（7）调节风量调节开关、发尘旋钮、电极板位置调节阀进行不同处理气体量、不同发尘浓度和不同电极板间距下的实验。

（8）在实验中，要不定期地进行电极板上粉尘的清理工作，防止因粉尘积累过多而影响实验结果。清灰过程中，先关闭发尘装置、主风机和高压发生装置，打开振动电机调节仪，振打电机运行，带动振打锤对电极板的振打，从而使粉尘掉落到卸灰斗内。等清灰过程结束后，清理卸灰装置。

（9）实验结束后，关闭控制箱主电源。

五、数据记录与处理

将实验数据记入表 3-11。

表 3-11　实验数据记录表

环境温度		环境湿度	
工况 1-1			
风量		风速	
粉尘入口浓度		粉尘出口浓度	
风压		除尘效率	
工况 1-2			
电压			
风量		风速	
粉尘入口浓度		粉尘出口浓度	
风压		效率	

续表

工况 1-3			
电压			
风量		风速	
粉尘入口浓度		粉尘出口浓度	
风压		效率	

六、注意事项

(1) 实验准备就绪后,经指导教师检查后才能启动高压。

(2) 设备启动后,电压需先调至零位,才能重新启动。

(3) 实验进行时,严禁触摸高压区。

(4) 粉尘传感器使用一定时间后,必须定时清洁,以保证其测量精度。

七、问题讨论

(1) 电源输出电压高低对静电除尘器除尘效率有何影响?

(2) 实验步骤中要求发尘量随流量的增减而相应增减,试分析其原因。

八、知识链接

对于除尘技术来说,惯性除尘和湿式除尘等传统处理方法无法去除直径 $2~\mu m$ 以下的颗粒物,只有静电除尘和高精度过滤除尘才能有效去除直径 $2~\mu m$ 以下的颗粒物。虽然静电除尘技术也可以除去微细颗粒,但当粉尘直径小于 $2~\mu m$ 时,存在于静电场中的粉尘所运用的荷电机理即从电场荷电过渡至扩散荷电并与电场荷电共存,而且扩散荷电的电荷选择性不好(相当数量的粉尘荷载与电晕极电性相反的电荷),从而使得这部分粉尘无法在集尘极板聚集,直接导致除尘效率不高。为了解决这一问题,用于去除微细颗粒的静电除尘器往往是在高压静电场下游设置多个与气流方向平行放置的收尘极板,极板的电性设置为正、负交替的形式,这样就能够同时去除荷载正、负两种电荷的颗粒。目前,这种在高压电场后设置正、负交替电性的收尘极的静电除尘器已经在餐饮油烟净化领域获得了市场的认可。

九、参考文献

[1] 张建平,江泽馨,徐达成. 磁场环境下工作电压对线板式静电除尘器中同种颗粒除尘效率的影响[J]. 科学技术与工程,2019,19(25):392-395.

[2] 高海欧. 静电除尘器在生物质燃料锅炉系统中的应用及技术优化[J]. 机电信息,2019(17):45-46.

[3] 李瑰萍. 湿式静电除尘器在生物质锅炉烟气净化中的应用[J]. 林产工业,2018,45(6):56-58.

实验二十八　文丘里湿式除尘器的除尘模拟实验

一、实验目的

(1) 了解文丘里湿式除尘器的组成及运行状况。

(2) 掌握文丘里湿式除尘器的除尘原理。

（3）掌握文丘里湿式除尘器的操作方法。

二、实验原理

在文丘里湿式除尘器中所进行的除尘过程可分化为雾化、凝聚、除雾三个过程，前两个过程在文丘里管内进行，最后一个过程在捕滴器内完成。在收缩段和喉管中气液两相间的相对流速很大，烟气通过文丘里管，在收缩段逐渐被加速，到达喉管烟气流速最高，呈强烈的紊流流动，在喉管前喷入的水滴被高速烟气撞击成大量的直径小于 $10~\mu m$ 的细小水滴，并且布满整个喉管，运动着的灰尘冲破水滴周围的气膜并黏附在水滴上，凝聚成大颗粒的灰水滴，这种现象称为碰撞凝聚。凝聚主要发生在喉管部，因此喉管处烟气速度越高，凝聚作用越剧烈，除尘效率也就越高，但阻力会增大，吸水量增大，且容易造成灰带水。另外，碰撞凝聚也发生在收缩段和渐扩段内。一般控制喉管处烟气速度为 $50\sim60~m/s$。

文丘里管可以使小颗粒灰尘变成大颗粒的灰水滴，但尚不能除尘，所以必须安装捕滴器。经过文丘里管预处理的烟气切向引入捕滴器下部，在捕滴器内由于强烈的旋转运动，依靠离心力作用将烟尘和灰水滴抛向捕滴器的筒壁上并被水膜黏附，随水膜流入下部灰斗，净化后的烟气经捕滴器的上部轴向收缩引出，经引风机排入大气。

三、实验装置与器材

1. 实验装置

实验装置见图 3-8。

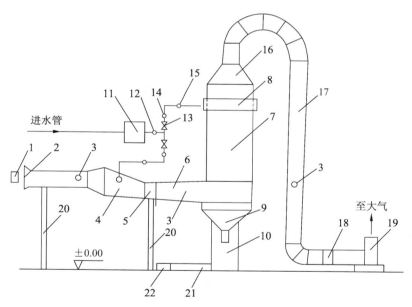

1—给粉装置；2—集流器；3—测孔；4—文丘里管收缩段；5—文丘里管喉管；6—文丘里管渐扩段；7—捕滴器；8—溢流槽；9—灰斗；10—水封筒；11—高位储水箱；12—微型水泵；13—阀门；14—压力表；15—水表；16—烟气引出段；17—烟道；18—风量调节板；19—通风机；20—支架；21—灰水沟；22—下水道。

图 3-8　文丘里湿式除尘器模拟实验系统示意图

2. 分析测试器材

（1）TH-880 Ⅳ 型微电脑烟尘平行采样仪（武汉天虹智能仪表厂）：1 台。

（2）玻璃纤维滤筒：若干。

（3）镊子：1 支。

（4）分析天平：分度值 0.001 g，1 台。

（5）烘箱：1 台。

（6）橡胶管：若干。

四、实验步骤

（1）对滤筒进行预处理：给滤筒编号，在 105 ℃烘箱里烘 2 h，然后放入干燥器内冷却 20 min，随后用分析天平测得滤筒的初重 G_1 并记录下来。

（2）检查 TH-880Ⅳ型微电脑烟尘平行采样仪干燥筒内的硅胶干燥剂，确保呈现蓝色，往清洗瓶里倒入 150 mL 3％的 H_2O_2，认真阅读此装置的说明内容和线路连接图，随后连接线路。开启电源，预热 20～30 min。

（3）启动风机。风机启动时应保证无负荷或负荷很低，不然电机会被烧坏。所以启动时要确保在风机前的阀门全闭，等到运行正常再开启阀门。

（4）启动微型自吸泵，给系统提供水。根据压力表来控制压力，保持在 0.1 kPa 左右。

（5）烟气进口处提供粉尘吸入送尘装备。

（6）实验装置性能测试：

① 准备经过干燥、恒重、编号步骤的滤筒，用镊子将其放置在采样管的采样头里，再把选定好的采样嘴装到采样头上。

② 用橡胶管将采样管连接到烟尘测试仪上，将采样枪采样嘴和毕托管伸入文丘里湿式除尘器烟气进口采样口内，使采样嘴背对气流预热 10 min 后转动 180°，即采样嘴正对气流方向，同时打开抽气泵的开关进行等速采样。

③ 采样步骤结束后，关闭仪器，拿出采样枪，等温度降低后，取出滤筒保存好。

④ 采尘后的滤筒称重：将采集尘样的滤筒放在 105 ℃烘箱中烘 2 h，取出置于玻璃干燥器内冷却 20 min 后，用分析天平称重 G_2 并记录。

⑤ 计算各采样点烟气的含尘浓度。

⑥ 在文丘里湿式除尘器的烟气出口烟道上采样，同时测定相应的烟气参数并记录。

（7）实验结束，清理实验室。

五、数据记录与处理

将实验数据记入表 3-12。

表 3-12　文丘里湿式除尘器进出口烟气流量及含尘浓度测定实验记录表

（1）测定日期＿＿＿＿＿＿　　　　测定烟道＿＿＿＿＿＿＿

项目	大气压力 /kPa	大气温度 /℃	烟气温度 /℃	烟道全压 /Pa	烟道静压 /Pa	烟气干球温度 /℃	烟气湿球温度 /℃	烟气含湿量 χ_{sw}
烟气进口								
烟气出口								

（2）烟道断面积_____ m²　　　　测点数_____

采样点编号	动压/Pa	烟气流速/(m/s)	采样嘴直径/mm	采样流量/(L/min)	采样时间/min	采样体积/L	换算体积/L	滤筒号	滤筒初重/g	滤筒总重/g	烟尘浓度/(mg/L)
1											
2											
3											
⋮											

（3）计算文丘里水膜除尘器的除尘效率

项目	烟道断面平均流速/(m/s)	烟道断面流量/(m³/s)	平均烟尘浓度/(mg/L)	除尘效率/%
烟气进口				
烟气出口				

六、注意事项

（1）对不同程度的腐蚀烟气，使用时应注意采取防腐措施，避免设备腐蚀。

（2）采用循环水时应该使水充分澄清，水质要求含悬浮物量在 0.01% 以下，以防止喷嘴堵塞。

七、问题讨论

（1）文丘里湿式除尘器的除尘效率由哪些因素确定？

（2）实验前需要完成哪些准备工作？

八、知识链接

湿式除尘器主要分为文丘里除尘器、喷淋塔类除尘器、水浴除尘器等。文丘里湿式除尘器结构简单，成本低，占地面积小，后期维护成本低，往往用于高温烟气降温和除尘，也可用于高浓度金属粉尘的去除与有价值金属材料的回收。而水浴除尘器与喷淋塔类除尘器能够有效处理易燃易爆、高温的粉尘。

九、参考文献

[1] 夏毅敏,杨端,胡承欢,等. 棒式文丘里除尘器气液两相流阻力特性[J]. 工程科学学报,2017,39(3)：449-455.

[2] 赵霄强. 长袋脉冲袋式除尘器清灰压力场及除尘流场的模拟分析[D]. 兰州：兰州交通大学,2015.

[3] 窦红庆,高晓茜,白龙. 除尘设备与除尘措施在石圪台选煤厂的应用[J]. 陕西煤炭,2019(Z1)：149-151.

[4] 崔少平. 湿式电除尘技术的研究[D]. 北京：华北电力大学,2015.

实验二十九 活性炭吸附法处理废气实验

一、实验目的

（1）深入了解吸附法净化有害废气的原理和特点。

（2）了解用活性炭吸附法净化废气中氮氧化物的效果。

（3）掌握活性炭吸附法的工艺流程和吸附装置的特点。

（4）训练工艺实验的操作技能，掌握主要仪器设备的安装和使用方法。

二、实验原理

活性炭吸附法是一种利用活性炭微孔结构对溶剂分子或分子团的吸附作用而去除空气中的有机废气的气固分离方法。废气进入吸附装置后进入吸附层，由于吸附剂表面上存在着未平衡和未饱和的分子引力或化学键力，因此当吸附剂的表面与气体接触时，气体分子能够吸附在其表面。利用这一过程，将废气中的污染物吸附在吸附剂表面，可以达到纯化气体的目的。另外，根据分子热运动规律，通过外界给吸附体系提供热能，增加被吸附分子或分子团的热运动能量，当分子热运动力足以克服吸附力时，吸附质将从吸附体系中"挣脱"出来，吸附剂得到再生。由于不具备再生的条件，所以本装置中设有填充式活性炭吸附器，吸附一定周期（>3 600 h）后，采取更新再生，净化后的气体高空排放。

三、实验装置

活性炭吸附废气实验装置如图 3-9 所示。

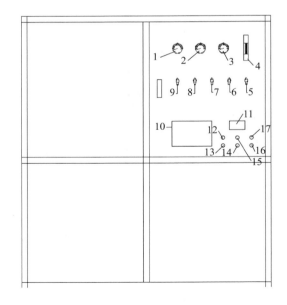

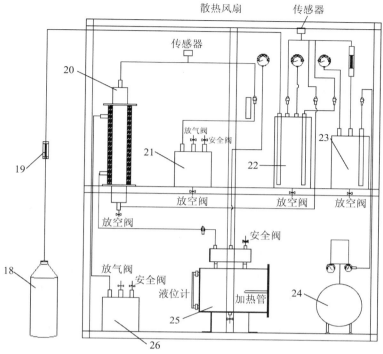

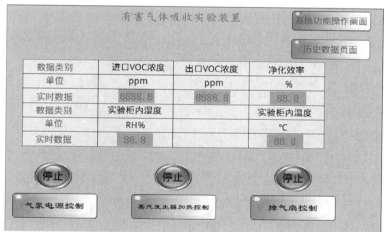

1—蒸汽发生器压力表；2—气体混合罐压力表；3—空气缓冲罐压力表；4—空气流量计；5—空气阀；6—空气进气阀；7—混合进气阀（气吹阀）；8—混合出气阀；9—尾气阀；10—彩色触摸屏；11—打印机；12—电源指示灯；13—启动按钮；14—停止按钮；15—启动指示灯；16—急停按钮；17—停止按钮；18—高压气瓶；19—质量流量计；20—吸收塔；21—尾气吸收罐；22—气体混合罐；23—缓冲罐；24—空气压缩机；25—蒸汽发生器；26—蒸汽冷却罐。

图 3-9 活性炭吸附废气实验装置示意图

四、实验步骤

（1）检查设备系统外况和全部电气连接线有无异常（如管道设备有无破损等），一切正常后开始操作，关闭所有阀门。

（2）将设备连接电源，按下电控箱上的启动按钮，然后点击彩色触摸屏界面进行实验

操作。

（3）在彩色触摸屏上点击"排气扇控制"按钮，排风扇运行。点击"气泵电源控制"按钮，空气压缩机运行。点击"蒸汽发生器加热控制"按钮，蒸汽发生器开始加热。

（4）打开空气阀，空气经过压缩机进入缓冲罐中，然后打开空气进气阀，缓冲罐内的空气经过空气流量计进入气体混合罐中，打开高压气瓶，调节其质量流量计到实验所需的数值，控制进入混合罐内的有害气体的量。

（5）打开混合进气阀，混合罐中的气体进入吸收塔。在气体进入吸收塔之前，应先打开蒸汽发生器上的阀门，将高温蒸汽释放到吸收塔内，将吸收塔内的填料进行高温处理。然后混合气体进入，在高温条件下进行反应。最终，高温蒸汽进入蒸汽冷却罐中进行冷却释放。

（6）经过吸收塔净化处理的尾气则进入尾气吸收罐进行冷却，然后检测，最终释放。

（7）实验过程中，实时读取彩色触摸屏和压力表上的数据并进行记录。

（8）实验结束后，需要对吸收塔进行气吹，排尽管道内的残余有害气体。关闭有害气体气瓶，关闭蒸汽发生器，然后利用空气对反应罐和管道进行洗吹。

（9）实验过程中，可以调节两个流量计进行不同处理气体量的实验。

（10）实验完毕后，依次关闭蒸汽发生器、空气压缩机等设备，关闭控制箱主电源。打开排气阀和排水阀，将冷却罐内的水和气体排尽，防止冷凝水过多影响实验。

五、数据记录与处理

将实验数据记入表 3-13。

表 3-13　实验数据记录表

环境温度		环境湿度	
工况 1-1			
空气进气流量		VOC 进气流量	
VOC 初始浓度		VOC 出口浓度	
大气压		效率	
工况 1-2			
空气进气流量		VOC 进气流量	
VOC 初始浓度		VOC 出口浓度	
大气压		效率	
工况 1-3			
空气进气流量		VOC 进气流量	
VOC 初始浓度		VOC 出口浓度	
大气压		效率	

续表

工况 2 - 1			
空气进气流量		VOC 进气流量	
VOC 初始浓度		VOC 出口浓度	
大气压		效率	
工况 2 - 2			
空气进气流量		VOC 进气流量	
VOC 初始浓度		VOC 出口浓度	
大气压		效率	
工况 2 - 3			
空气进气流量		VOC 进气流量	
VOC 初始浓度		VOC 出口浓度	
大气压		效率	

六、注意事项

（1）实验开始前必须熟悉仪器的使用方法。

（2）蒸汽发生器运行时，注意与该设备保持一定的距离，防止烫伤。

（3）实验结束后，一定要关闭有害气体气瓶，防止有害气体泄漏而危害实验者健康。

（4）长期不使用时，应将装置内的灰尘清干净，并将其放在干燥、通风的地方。

七、问题讨论

（1）吸附剂的比表面积越大，其吸附容量和吸附效果就越好吗？为什么？

（2）提高吸附剂的吸附性能的方法有哪些？

（3）工业上常用的气体吸附剂有哪些？应用上有什么区别？

（4）除了吸附法，还有哪些方法可以去除处理 VOCs？

八、知识链接

常见的工业气体吸附剂主要有活性炭、分子筛、黏土、有机吸附剂。这几种气体吸附剂的特点如下：

（1）活性炭。活性炭具有较大的比表面积和孔容积，对气体的吸附能力较强，尤其对苯系物等大分子有机气体的脱除效果显著，但是对甲醛等小分子的吸附性能较差。

（2）分子筛。分子筛具有较大的比表面积和微孔体积，对水等极性分子具有较强的吸附能力。

（3）黏土。黏土因比表面积较大、孔结构丰富及价格低廉而被广泛应用于气体吸附。一些比表面积相对较大的黏土矿物可直接应用于气体吸附，如海泡石、坡缕石等。

（4）有机吸附剂。有机吸附剂是一类具有多孔性、高度交联的，对有机物具有浓缩、分离作用的高分子聚合物。其主要可分为凝胶型和大孔型，目前使用较广泛的是大孔型

吸附树脂。

九、参考文献

[1] 周良,叶峰,童敏庆,等.活性炭吸附/脱附技术在船厂 VOCs 处理中的应用研究[J].上海环境科学,2019,38(6):252-259.

[2] 李婕,羌宁.挥发性有机物(VOCs)活性炭吸附回收技术综述[J].四川环境,2007,26(6):101-105,111.

[3] 卞文娟,刘德启.环境工程实验[M].南京:南京大学出版社,2011.

[4] 钟铖.工业气体常见吸附剂介绍[C]//河北冶金学会 2013 年度空分专业学术交流会论文集.唐山:河北省冶金学会,2013:206-209.

[5] 陈锐章.VOC 处理技术综述[J].环境与发展,2018,30(7):98,100.

[6] 邓俊杰,胡隽隽,单丹丹,等.吸附材料对 VOC 净化性能研究[J].汽车零部件,2018(1):71-73.

实验三十　碱液吸收气体中的二氧化硫

一、实验目的

(1) 了解用吸收法净化废气中 SO_2 的效果。

(2) 改变气流速度,观察填料塔内气液接触状况和液泛现象。

(3) 测定填料吸收塔的吸收效率及压降。

(4) 测定化学吸收体系(碱液吸收 SO_2)的体积吸收系数。

二、实验原理

采用吸收法来净化含有 SO_2 的气体是有效的。因为 SO_2 在水中只有很少部分能够溶解,所以往往会对其运用化学吸收方法。SO_2 吸收剂类别繁多,本实验决定选取 NaOH 或 Na_2CO_3 溶液作为吸收剂,吸收过程发生的主要化学反应为:

$$2NaOH + SO_2 \longrightarrow Na_2SO_3 + H_2O$$
$$Na_2CO_3 + SO_2 \longrightarrow Na_2SO_3 + CO_2$$
$$Na_2SO_3 + SO_2 + H_2O \longrightarrow 2NaHSO_3$$

实验过程中通过测定填料吸收塔进出口气体中 SO_2 的含量,即可近似计算出吸收塔的平均净化效率,进而了解吸收效果。测量气体中 SO_2 的含量一般会采用甲醛缓冲溶液吸收-盐酸副玫瑰苯胺比色法。

通过测量填料塔进出口气体的全压,便可以算出填料塔的压降;如果填料塔的进出口管道半径一样,用 U 形管压差计测出其静压差即可求出压降。

1. 分析方法

原理:二氧化硫被甲醛缓冲溶液吸收后,生成稳定的羟甲基磺酸加成化合物,加碱后释放出的二氧化硫与盐酸副玫瑰苯胺(又称对品红)作用,生成紫红色化合物,根据颜色深浅,比色测定。比色步骤如下:

(1) 将待测样品混合均匀,取 10 mL 放入试管中。

(2) 向试管中加入 0.5 mL 0.6% 的氨基磺酸钠溶液和 0.5 mL 1.5 mol/L NaOH 溶

液,混合均匀,再加入 1.00 mL 0.05% 对品红混合均匀,20 min 后比色。

（3）比色用 72 型分光光度计,将波长调至 577 nm。将待测样品放入 1 cm 的比色皿中,同时将蒸馏水放入另一个比色皿中作参比,测其吸光度(如果浓度高,可用蒸馏水稀释后再比色)。

$$二氧化硫浓度(\mu g/m^3) = \frac{(A_k - A_0) \times B_S}{V_S} \times \frac{L_1}{L_2}$$

式中,A_k 为样品溶液的吸光度;A_0 为试剂空白溶液吸光度;B_S 为校正因子,μg 二氧化硫/吸光度/15 mL,$B_S = 0.044$;V_S 为换算成参比状态下的采样体积,L;L_1 为样品溶液总体积, mL;L_2 为分析测定时所取样品溶液体积, mL。

测定浓度时,注意稀释倍数的换算。

2. 计算填料塔的平均净化效率(η)

可由下式近似求出:

$$\eta = \left(1 - \frac{c_2}{c_1}\right) \times 100\%$$

式中,c_1 为填料塔入口处二氧化硫浓度,mg/m^3;c_2 为填料塔出口处二氧化硫浓度,mg/m^3。

3. 计算填料塔的液泛速度

$$v = \frac{Q}{F}$$

式中,Q 为气体流量,m^3/h;F 为填料塔截面积,m^2。

三、实验装置与试剂

1. 实验装置

实验装置流程如图 3-10 所示。

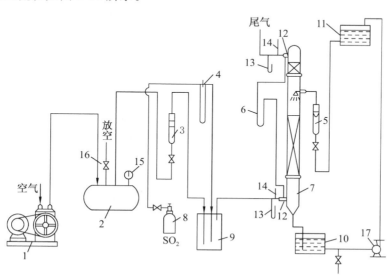

1—空压机;2—缓冲罐;3—转子流量计(气);4—毛细管流量计;5—转子流量计(水);6—压差计;7—填料塔;8—SO₂ 钢瓶;9—混合缓冲器;10—受液槽;11—高位液槽;12—取样口;13—压力计;14—温度计;15—压力表;16—放空阀;17—泵。

图 3-10　SO₂ 吸收实验装置图

　　吸收液从高位液槽通过转子流量计,由填料塔上部经喷淋装置进入塔内,流经填料表面,由塔下部排到受液槽。空气由空压机经缓冲罐后,通过转子流量计进入混合缓冲器,并与 SO_2 气体相混合,配制成一定浓度的混合气。SO_2 来自钢瓶,并经毛细管流量计计量后进入混合缓冲器。含 SO_2 的空气从塔底进气口进入填料塔内,通过填料层后,尾气由塔顶排出。

　　实验仪器设备:空压机(压力 0.7 MPa,气量 3.6 m³/h)1 台,液体 SO_2 钢瓶 1 个,填料塔($D=700$ mm,$H=650$ mm)1 台,填料(ϕ 5～8 mm 瓷环)若干,泵(扬程 3 m,流量 400 L/h)1 台,缓冲罐(容积 1 m³)1 个,高位槽(500 mm×400 mm×600 mm)1 个,混合缓冲罐(0.5 m³)1 个,受液槽(500 mm×400 mm×600 mm)1 个,LZB-10 转子流量计(水)(10～100 L/h)1 个,LZB-40 转子流量计(气)(4～40 m³/h)1 个,毛细管流量计 0.1～0.3 mm 1 个,U 形管压力计(200 mm)3 只,压力表(0～0.3 MPa)1 只,温度计(0 ℃～100 ℃)2 支,空盒式大气压力计 1 只,玻璃筛板吸收瓶(125 mL)20 个,锥形瓶(250 mL)20 个,YQ-I 型烟气测试仪(采样用)2 台。

　　2. 试剂

　　(1) 甲醛吸收液:将配好的 20 mg/L SO_2 吸收贮备液稀释 100 倍,供使用。

　　(2) 对品红贮备液:将配好的 0.25% 的对品红稀释 5 倍后,配成 0.05% 的对品红,供使用。

　　(3) 1.50 mol/L NaOH 溶液:称取 NaOH 固体 6.0 g,加适量蒸馏水溶解后转移至 100 mL 容量瓶中,加水至刻度,供使用。

　　(4) 0.6% 氨基磺酸钠溶液:称取 0.6 g 氨基磺酸钠,加入 1.50 mol/L NaOH 溶液 4.0 mL,用水稀释至 100 mL,供使用。

　　(5) 5% 碱液:称取 26.25 g NaOH 固体,加适量蒸馏水溶解后转移至 500 mL 容量瓶中,加水至刻度,供使用。

　　四、实验步骤

　　(1) 根据图 3-10 所示正确连接实验设备及装置。检查系统是否漏气,关严吸收塔的进气阀,开启缓冲罐上的放空阀,并在高位液槽中注入配制好的 5% 的碱溶液。

　　(2) 将 50 mL 采样要用的吸收液装进玻璃筛板吸收瓶。

　　(3) 开启吸收塔的进液阀,控制液体流量至液体喷布均匀,可以贴着填料表面慢慢流下,这样就可以有效湿润填料表面。有液体流出后,把液体流量调整到 35 L/h 左右。

　　(4) 打开空压机,一边关小放空阀,一边缓慢打开进气阀。控制调节空气流量,直至塔内开始液泛。仔细观察这个时候出现的气液接触情况,并记录下液泛时的气速(由空气流量计算)。

　　(5) 缓慢减小气体流量,直至没有液泛现象。调整气体流量计,稳定运行 5 min,取三个平行样。

　　(6) 取样完毕,调整液体流量计到 30 L/h,稳定运行 5 min,取三个平行样。

　　(7) 改变液体流量为 20 L/h 和 10 L/h,重复上面的实验。

　　(8) 实验完毕,先关进气阀,2 min 后停止供液。

五、数据记录与处理

（1）将实验数据记于表 3-14。

表 3-14　实验结果记录与处理

序号	气体流量/(L/h)	吸收液	液气比	液泛速度/(m/s)	空速/h⁻¹	塔内气液接触情况	净化率
1							
2							
3							
4							

（2）绘出气体流量与效率的曲线 Q-η。

六、注意事项

（1）填料塔吸收循环液中不宜含有固体（不能采用钙盐吸收剂），较长时间不用时需用清水洗涤。

（2）在操作过程中，控制一定的液气比及气流速度，及时检查设备运转情况，防止液泛、雾沫夹带现象发生。

七、问题讨论

（1）由实验结果绘出的曲线，你可以得出哪些结论？

（2）通过实验，你有什么体会？对实验有何改进意见？

八、知识链接

作为烟气脱硫的主要技术，湿法烟气脱硫在空气净化技术方面有着显著作用。由于我国技术及经济条件限制，不能像发达国家一样投入大量的财力、物力、人力，所以我国对于二氧化硫的治理研究起步较晚，目前还处在研究阶段。国内绝大多数电厂的脱硫设备利用的都是从国外引进的技术，而且设备处理排放的烟气量比较小，发展不成熟，但由于近几年国家的环保要求高，几乎所有的新建电厂都要建设脱硫工程，所以我国慢慢开始在国外技术基础上研发适合中国的脱硫技术。

九、参考文献

[1] 雷进猛. 降低克劳斯尾气中二氧化硫含量的技术改造[J]. 气体净化，2019，19（1）：32 - 34.

[2] 马双忱，向亚军，陈嘉宁，等. 燃煤电厂高盐脱硫废水固化基础实验[J]. 煤炭学报，2019，44（8）：2596 - 2602.

实验三十一　湿法烟气脱硫净化实验

一、实验目的

（1）掌握从含二氧化硫烟气中回收硫资源的工艺选择原则、反应原理、反应器设计选型原则。

（2）掌握湿法烟气脱硫工程设计要点、工艺运行特性。

（3）培养并提高学生的理论联系工程实际及工程设计实践能力。

二、实验原理

作为性能良好的脱硫剂，MnO_2 在水溶液中易与 SO_2 反应产出 $MnSO_4$。根据这一原理，软锰矿法烟气脱硫以软锰矿浆为吸收剂，利用烟气中的 SO_2 与软锰矿中 MnO_2 的氧化还原特性同步进行气相脱硫与液相浸锰，气液固湍动剧烈，矿浆与含 SO_2 的烟气充分接触吸收，生成副产品工业硫酸锰。该工艺的脱硫率可达 90%，锰矿浸出率为 80%，产品硫酸锰达到工业硫酸锰要求，同步实现了废气中 SO_2 与低品位软锰矿的资源化利用，更具有实际应用和推广价值。其主要的反应方程式如下：

$$MnO_2 + SO_2 \cdot H_2O = MnSO_4 + H_2O$$

三、实验装置与仪器

1. 实验装置

实验装置如图 3-11 所示。

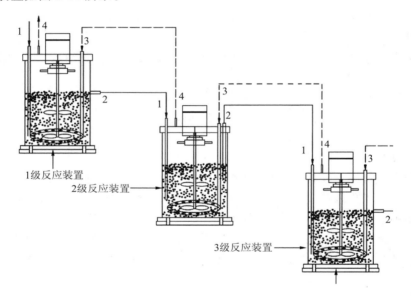

1—浆液注入口；2—浆液溢流口；3—二氧化硫气体进气口；4—尾气排空口。

图 3-11 湿法烟气脱硫净化实验工艺流程图

在配浆槽中按一定固液比配好的浆液由吸收液计量输送泵打入 1 级吸收反应器中，注满后通过溢流，浆液进入 2 级吸收反应器，最后进入 3 级吸收反应器，而二氧化硫气体则首先从 3 级吸收反应器进入，反应后的尾气再进入 2 级吸收反应器中继续反应，最后经过 1 级吸收反应器反应后尾气排空。

2. 仪器

（1）1 级脱硫吸收反应器：$\phi 1\,000$ mm×2 600 mm，304L，1 台。

（2）2 级脱硫吸收反应器：$\phi 800$ mm×2 500 mm，304L，1 台。

（3）3 级脱硫吸收反应器：$\phi 750$ mm×2 500 mm，304L，1 台。

（4）吸收液计量泵送装置：LG-600L，2 台。

（5）搅拌器：1.5 kW,3台。

（6）配浆槽：ϕ 1 200 mm×2 000 mm×1 000 mm,2台。

四、实验步骤

（1）按照实验装置图检查各级反应器连接阀门是否开启,搅拌装置是否正常,气体通气是否正常。

（2）将吸收剂与水在配浆槽内以实验需要的固液比配成吸收浆液。

（3）开启计量输送浆液泵将配制好的浆液计量送入1级吸收反应器中,待其注满后将溢流进入2级吸收反应器,最后溢流到3级吸收反应器直到注满整个反应器,各级反应器待浆液体积达到一定值,开启吸收反应器配套的搅拌器,并设置适当的搅拌速度。

（4）启动二氧化硫发生器,将设定好浓度的二氧化硫气体计量送入3级吸收反应器中,反应后的尾气再分别进入2级吸收反应器及1级吸收反应器,最后排空。气体与液体按逆流方式进行。

（5）在吸收反应器中,二氧化硫与吸收剂充分接触反应,模拟废气被净化达标后排空,同步记录各级吸收反应器进出口二氧化硫浓度。

（6）通过改变二氧化硫浓度、固液比等工艺条件,考察其对各级反应器烟气脱硫效果的影响,寻求最佳烟气脱硫工艺参数,记录各反应条件下各级吸收反应器中温度的变化。

（7）进行实验数据分析,撰写实验报告。

五、数据记录与处理

1. 数据记录

实验过程中,主要记录各级反应器的二氧化硫进出口浓度(表3-15)。

表 3-15　实验数据记录表

实验时间＿＿＿＿＿＿＿＿＿　　　　实验人员＿＿＿＿＿＿＿＿＿

工艺条件	参数	1级进口浓度/ppm	1级出口浓度/ppm	2级进口浓度/ppm	2级出口浓度/ppm	3级进口浓度/ppm	3级出口浓度/ppm	1级反应器温度/℃	2级反应器温度/℃	3级反应器温度/℃	1级去除率/%	2级去除率/%	3级去除率/%	总去除率/%
二氧化硫浓度/ppm	20 000													
	10 000													
	5 000													
	2 000													
固液比	1:5													
	1:3													
	1:1													
	2:1													

2. 数据处理

（1）二氧化硫去除率的计算：

$$\eta = \left(1 - \frac{\rho_2}{\rho_1}\right) \times 100\%$$

其中，ρ_1 为各级吸收反应器进口二氧化硫浓度，ppm；ρ_2 为各级吸收反应器出口二氧化硫浓度，ppm。

（2）最佳工艺参数的确定：根据以上获得的实验数据，绘制二氧化硫去除率与各工艺参数设定的关系，并找到其最佳工艺参数。

六、注意事项

（1）实验中应严格防止二氧化硫气体泄漏。

（2）钢瓶操作时应缓慢开启并仔细检查是否泄漏。

（3）如果有泄漏现象，应快速关闭钢瓶总阀，打开通风系统，组织人员撤离。

七、问题讨论

（1）根据实验结果和绘制出来的曲线，你能得出哪些结论？

（2）通过这次实验，你能领悟到什么？该实验是否还需改进？

（3）分析软锰矿脱硫与常规钙基脱硫的优缺点。

八、知识链接

20 世纪 70 年代初，作为一种净化烟气中 SO_2 的最重要的方法，湿法脱硫工艺最初是由日本和美国开发的，占总处理量的 80%。湿法烟气脱硫通常是指运用浆液和液体来吸收烟气中的 SO_2，所以湿法烟气脱硫往往被称作吸收法。湿法烟气脱硫方法具有技术成熟、效率较高等优点，但由于具有投资及运行成本都很高、易造成二次污染、系统庞大、脱硫后产物处理困难等缺点，湿法主要包括石灰石-石膏法、氨法、镁法、双碱法、海水洗涤法、磷铵复合肥法等。石灰石-石膏法脱硫是湿法脱硫中最常用的一种方法。

九、参考文献

［1］岳焕玲. 湿法脱硫尾气脱白技术探讨［J］. 锅炉技术，2019，50（4）：24 - 28.

［2］王军锋，李金，徐惠斌，等. 湿法脱硫协同去除细颗粒物的研究进展［J］. 化工进展，2019，38（7）：3402 - 3411.

［3］罗振. 水泥窑石灰石-石膏湿法脱硫工艺介绍［J］. 水泥技术，2018（4）：85 - 87.

［4］曹洋，赵建业，刘军辉，等. 吸收塔入口烟气参数对石灰石-石膏湿法脱硫效率的影响［J］. 煤炭加工与综合利用，2019（6）：107 - 109，112.

实验三十二　　石灰石-石膏湿法烟气脱硫效率影响因素测定

一、实验目的

（1）掌握石灰石-石膏湿法烟气脱硫的基本原理。

（2）了解工业石灰石-石膏湿法低浓度二氧化硫烟气脱硫工艺的影响因素。

二、实验原理

1. 吸收原理

吸收液通过喷嘴雾化喷入吸收塔,分散成细小的液滴并覆盖吸收塔的整个断面。这些液滴与塔内烟气逆流接触,发生传质与吸收反应,烟气中的 SO_2、SO_3 及 HCl、HF 被吸收。SO_2 吸收产物的氧化和中和反应在吸收塔底部的氧化区完成并最终形成石膏。

2. 影响石灰石-石膏湿法烟气脱硫工艺的因素分析

湿法烟气脱硫工艺中,吸收浆液的 pH、液气比、烟气流速、浆液温度、钙硫比、石灰石浆液颗粒细度、浆液停留时间等参数对烟气脱硫系统的设计和运行影响较大。

三、实验装置

实验装置由烟气系统、脱硫塔、石膏脱水与处理系统、吸收剂制备与输送系统等组成,其结构如图 3-12 所示。

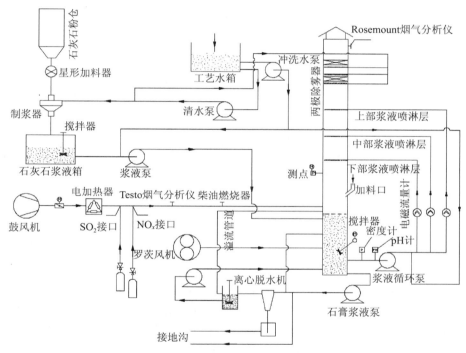

图 3-12 石灰石-石膏湿法烟气脱硫中试装置系统图

四、实验步骤

(1)组装好电气系统、烟气系统及相关的热工测点,自来水向水箱供水。

(2)将 10 kg 石灰石通过上部加料口送入吸收塔浆液池中,再不断补充工艺水至吸收塔本体内直至 2.45 m 高液位。

(3)依次启动氧化风机、脱硫塔内搅拌器、石灰石浆液循环泵,待吸收塔浆液池温度稳定后启动烟气模拟系统。

(4)依次启动鼓风机及电加热器,打开气瓶阀门。根据仪表监测数据,调节电加热器至设定温度,打开 SO_2 气瓶阀门,制成不同工况下的模拟烟气。

（5）保持吸收塔液位稳定,调节吸收塔烟气流量、SO_2浓度、浆液 pH、烟气温度、浆液喷淋量等关键参数至设定值,在其他参数保持不变的情况下,改变进口 SO_2 浓度、烟气温度、液气比、烟气流量,考察以上参数的变化与系统脱硫效率的相互关系。

五、数据记录与处理

（1）其他参数保持不变,改变 SO_2 入口浓度,将实验数据填入表 3-16,绘制脱硫效率与 SO_2 入口浓度关系图。

表 3-16　脱硫效率与 SO_2 入口浓度的实验数据表

序号	进口烟量 /(m³/h)	进口 SO_2 浓度 /%	出口 SO_2 浓度 /%	pH	进口烟温 /℃	浆流喷淋量 /(L/s)
1						
2						
3						
4						

（2）其他参数保持不变,改变液气比,将实验数据填入表 3-17,绘制脱硫效率与液气比关系图。

表 3-17　脱硫效率与液气比的实验数据表

序号	进口烟量 /(m³/h)	进口 SO_2 浓度 /%	出口 SO_2 浓度 /%	pH	进口烟温 /℃	浆流喷淋量 /(L/s)
1						
2						
3						
4						

（3）其他参数保持不变,改变进口烟温,将实验数据填入表 3-18,绘制脱硫效率与进口烟温关系图。

表 3-18　脱硫效率与进口烟温的实验数据表

序号	进口烟量 /(m³/h)	进口 SO_2 浓度 /%	出口 SO_2 浓度 /%	pH	进口烟温 /℃	浆流喷淋量 /(L/s)
1						
2						
3						
4						

六、注意事项

（1）不同因素实验过程中，应该保持吸收塔液面稳定。

（2）实验过程中，应严格遵守氧化风机、脱硫塔内搅拌器、石灰石浆液循环泵开机顺序。

（3）实验前后，要检查气瓶的密闭性。

七、问题讨论

（1）由实验结果绘出的曲线，你可以得出哪些结论？

（2）通过本次实验，你认为本实验在参数调节过程中还存在哪些问题？

（3）注意观察吸收塔浆液 pH 的变化规律，并对产生的现象进行简要分析。

八、知识链接

湿式脱硫技术是应用最广泛的烟气脱硫技术。常见的有石灰石/石灰法、己二酸法、硫酸镁法、双碱法、氧化镁法、海水法和氨法等湿式脱硫技术。这些技术方法的原理及关键操作条件如表 3-19 所示。

表 3-19　常见的湿式脱硫技术方法

湿式脱硫技术	脱硫原理	活性组分	关键操作条件	最终产物
石灰石/石灰法	SO_2 被吸收产生难溶于水的亚硫酸钙，可以从浆液中分离	$CaCO_3/CaO$	pH、钙硫比	亚硫酸钙、硫酸钙
己二酸法	己二酸的缓冲作用	己二酸钙、$CaCO_3/CaO$	pH、钙硫比、己二酸用量	亚硫酸钙、硫酸钙
硫酸镁法	硫酸镁吸收 SO_2 产生易溶的亚硫酸盐	$MgSO_4$，石灰石/石灰作为沉淀剂加入	预除尘、硫酸镁用量	亚硫酸钙、硫酸钙
双碱法	碱性钠盐对 SO_2 的吸收容量大	Na_2CO_3，石灰石/石灰作为沉淀剂加入	pH	亚硫酸钙、硫酸钙
氧化镁法	氧化镁吸收 SO_2 能产生分解温度较低的亚硫酸镁	MgO	预除尘、烟气含氧量、煅烧温度	15% SO_2
海水法	海水具有天然碱度，吸收 SO_2 后形成的硫酸盐对海水可能无害	钙盐、镁盐、钠盐等	处理烟气含硫量	镁盐、钙盐
氨法	氨水吸收 SO_2，产生适合回收利用的脱硫产物	一定浓度的氨水	预除尘，需要再生	亚硫酸铵、硫酸铵

九、参考文献

[1] 高向胜,刘德宏,吴林虎.影响石灰石-石膏法烟气脱硫效率的因素分析[J].能源研究与利用,2015(2):46-49.

[2] 吕雪飞,甘树坤,吕颖.燃煤电厂锅炉烟气湿法脱硫技术的现状与展望[J].吉林化工学院学报,2019,36(5):19-22.

［3］卞文娟,刘德启.环境工程实验［M］.南京:南京大学出版社,2011.

［4］吕新锋.石灰石-石膏湿法烟气脱硫设施常见故障及影响脱硫效率因素分析［J］.电力科技与环保,2018,34(2):27-29.

［5］高文敏.石灰石-石膏湿法烟气脱硫效率影响因素［J］.油气田环境保护,2015,25(2):27-29.

［6］任志华,沈炳耘,王苏琛.石灰石-石膏湿法烟气脱硫效率的影响因素与分析［J］.科技视界,2013(4):99-100.

实验三十三　烟气选择性还原脱硝实验

一、实验目的

(1) 掌握烟气脱硝过程的基本原理。

(2) 了解烟气脱硝过程常见催化剂的类型及特性。

(3) 掌握选择性催化转化氮氧化物废气处理的特性与规律。

(4) 了解与熟悉烟气脱硝的工艺流程及操作方法。

二、实验原理

选择性催化还原(SCR)脱硝技术采用 NH_3 作为还原剂,将烟气中的氮氧化物(NO_x)还原为无害的 N_2 和 H_2O,达到污染物减排的目的,主要化学反应式如下:

$$4NH_3 + 4NO + O_2 \longrightarrow 4N_2 + 6H_2O$$

$$4NH_3 + 2NO_2 + O_2 \longrightarrow 3N_2 + 6H_2O$$

本实验设备中采用的是 V_2O_5 催化方式。

三、实验装置

烟气脱硝实验装置如图 3-13 所示。

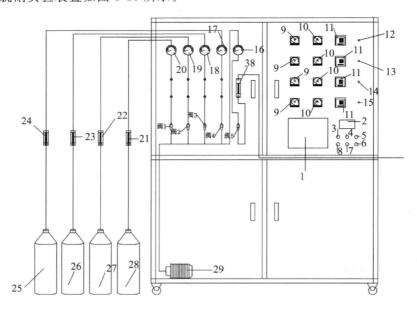

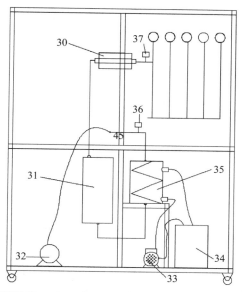

数据类别	进口NO浓度	出口NO浓度	净化效率	管道内温度	管道内湿度
单位	ppm	ppm	%	℃	RH%
实时数据	8888.8	8888.8	88.8	88.8	88.8
数据类别	进口NO流量	进口NH3流量	进口N2流量	进口O2流量	
单位	sccm	sccm	sccm	sccm	
实时数据	888.8	888.8	888.8	888.8	
数据类别	进口NO流量设定	进口NH3流量设定	进口N2流量设定	进口O2流量设定	
单位	%	%	%	%	
实时数据	888.8	888.8	888.8	888.8	

1—彩色触摸屏;2—微型打印机;3—电源指示灯;4—启动指示灯;5—停止指示灯;6—急停开关;7—停止按钮;8—启动按钮;9—电压表;10—电流表;11—温控仪;12—预热;13—一段加热;14—二段加热;15—三段加热;16—混合气体压力表;17—NH3压力表;18—O2压力表;19—N2压力表;20—NO压力表;21—NO质量流量计;22—N2质量流量计;23—O2质量流量计;24—NH3质量流量计;25—NH3气瓶;26—O2气瓶;27—N2气瓶;28—NO气瓶;29—气泵;30—预加热;31—加热炉;32—湿式气体流量计;33—循环水泵;34—水箱;35—冷却罐;36—出口气体浓度传感器;37—进口气体浓度传感器;38—混合气体流量计。

图 3-13　烟气脱硝实验装置图

四、实验步骤

（1）电源控制：将设备接通电源，电源指示灯点亮，开始进行实验。首先按下启动按钮，启动指示灯亮，设备运行，彩色触摸屏进入操作界面。实验开始前，点击彩色触摸屏上的"排风扇控制"按钮，设备顶端的排风扇运行，然后进行实验。

（2）加催化剂：打开设备箱后门，在加热炉旁边的加药口加入8～12粒催化剂。此过程可以根据实际的实验要求进行添加或者省略。

（3）加热设定：加完催化剂，将设备进行升温，先设定预热温度，按下预热按钮，在温控仪上将温度调到最高为200 ℃。如果想要使温度更高，可以做一段加热，按下一段加热按钮，调节一段加热温控仪，使温度达到最高（最高400 ℃）。如果还想调节到更高的温度，则其温度操作同上。

（4）加热炉阀门操作：加温一段时间后（可以设计在预热下需要10 min，一段加热下需要8 min，二段加热下需要5 min，三段加热下需要3 min），慢慢打开加热炉阀门，让NO_x气体进入加热炉，脱硝反应进行。

（5）反应气体操作：可以根据自身的实验设定进行操作。本实验以混合所有气体进行实验为例。首先打开所有气体压力表下的气体开关，接着缓慢打开气瓶上的阀门，调节减压阀至0.25～0.35 MPa的压力，使气体稳定地经过对应气体的质量流量计进入混合气体管道中，然后进入预加热罐中开始进行净化。此外，可以在彩色触摸屏上的进气流量设定栏设定相应气体的开度，控制单种气体进入混合气体管道的量（气体开度的范围为1～100），然后调节混合气体流量计进行气体处理量的调节。

（6）实验过程中，由于气体经过加热炉的加热，在排放时需要进行冷却处理。在冷却处理过程中，可在彩色触摸屏上启动冷却循环操作，水箱内的水经过循环水泵进入冷却罐，从而冷却需要排放的气体。运行稳定后，观察记录、打印数据。

（7）实验结束后，关闭气瓶上的阀门，关闭冷却循环泵，打开彩色触摸屏上的"气泵电源控制"按钮，使管道中残留气体排出。

（8）实验结束后，关紧气瓶旋钮，防止有害气体泄漏，关闭电源，实验结束。

五、数据记录与处理

将实验测得的数据和计算结果等填入自行设计的实验数据记录表中。

六、注意事项

（1）实验前检查装置是否接通电源，保证反应器各截止阀处于关闭状态。

（2）检漏时开启各钢瓶阀门，将减压阀二次表调至0.3 MPa左右。

（3）进行多次实验以减少偶然误差。

七、问题讨论

（1）选择性脱硝过程选择性的含义是什么？

（2）在脱硝反应中可能存在的副反应有哪些？

（3）影响SCR脱硝效率的因素有哪些？

八、知识链接

除了SCR法，烟气脱硝还有选择性非催化还原法（SNCR）及两种方法的组合型。这三种方法的工艺对比如表3-20所示。

表 3-20　SCR 法、SNCR 法与 SNCR-SCR 混合法三种方法的工艺对比

内容	SCR 法	SNCR 法	SNCR-SCR 混合法
还原剂	NH_3 或尿素	尿素或 NH_3	尿素或 NH_3
反应温度	320 ℃～400 ℃	850 ℃～1 100 ℃	前段：850 ℃～1 100 ℃；后段：320 ℃～400 ℃
催化剂	主要成分为 TiO_2、V_2O_5、WO_3	不使用催化剂	后段加装少量催化剂（成分同前）
脱硝效率	70%～90%	大型机组 25%～40%，小型机组配合 LNB、OFA 技术可达 80%	40%～90%
反应剂喷射位置	多选择于省煤器与 SCR 反应器间烟道内	通常于炉膛内喷射	综合 SCR 和 SNCR 法
SO_2/SO_3 氧化	会导致 SO_2/SO_3 氧化	不导致 SO_2/SO_3 氧化	SO_2/SO_3 氧化较 SCR 法低
NH_3 逃逸	＜3 ppm	5～10 ppm	＜3 ppm

九、参考文献

[1] 卞文娟,刘德启. 环境工程实验[M]. 南京：南京大学出版社,2011.

[2] 许宁. 大气污染控制工程实验[M]. 北京：化学工业出版社,2018.

[3] 郝吉明,段雷. 大气污染控制工程实验[M]. 北京：高等教育出版社,2004.

[4] 张鹏,姚强.用于选择性催化还原法烟气脱硝的催化剂[J].煤炭转化,2005,28(2)：18-24.

[5] 蔡小峰,李晓芸.SNCR-SCR 烟气脱硝技术及其应用[J].电力环境保护,2008,24(3)：26-29.

[7] 王天泽,楚英豪,郭家秀,等.烟气脱硝技术应用现状与研究进展[J].四川环境,2012,31(3)：106-110.

[8] JI F,LI C,WANG J,et al. New insights into the role of vanadia species as active sites for selective catalytic reduction of NO with ammonia over VO_x/CeO_2 catalysts[J]. Journal of Rare Earths,2020,38(7)：719-724.

实验三十四　脉冲等离子体脱硫脱硝实验

一、实验目的

(1) 了解烟气同时脱硫脱硝的现状和意义。

(2) 了解脉冲电晕等离子体法在脱硫脱硝上的应用。

(3) 掌握脉冲电晕法脱除 SO_2 和 NO_x 工艺方法。

(4) 掌握脱硫脱硝装置烟气成分的分析方法。

(5) 熟悉脉冲电压、电流及功率的测定方法。

二、实验原理

脉冲电晕等离子体法（PPCP）的原理是烟气中的 H_2O、O_2 等气体分子在高能电子存

在下被激活、电离或裂解而产生强氧化性的自由基的现象。SO_2 和 NO_x 被自由基等离子体催化氧化，分别生成 SO_3 和 NO 或相应的酸，如果存在添加剂（如 NH_3），气体便会发生反应并且生成相应的盐而沉降下来。脉冲电晕等离子体法具有电晕放电自身产生的特点，它会利用上升前沿陡、窄脉冲的高压电源与电源负载-电晕电极系统（电晕反应器）组合，在电晕和电晕反应器电极的空隙里产生流光电晕等离子体，从而对 SO_2 和 NO_x 进行氧化去除。另外，烟气中的粉尘有利于 PPCP 法脱硫脱硝效率的提高。脉冲电晕等离子体法脱硫脱硝的副产物为硫酸铵、硝酸铵混合物，可以用作肥料。因此，PPCP 法能够对三种污染物集中去除，而且能耗和成本低廉，所以成为最有前景的烟气治理方法。

经过静电除尘、喷雾冷却，烟气的温度接近其饱和温度值（60 ℃～70 ℃），烟气进入脉冲电晕反应器，脉冲高压作用于反应器中的放电电极，在放电电极和接地极之间产生强烈的电晕放电，产生 5～20 eV 高能电子和大量的带电离子、自由基、原子，以及各种激发态原子、分子等活性物质，如羟基自由基、氧原子、O_3 等，它们将烟气中的 SO_2 和 NO_x 氧化，在有氨注入的情况下，最终生成硫酸铵和硝酸铵，硫酸铵和硝酸铵被产物收集器收集。主要的反应如下：

自由基生成：

$$N_2、O_2、H_2O + e^- \longrightarrow HO \cdot 、O \cdot 、HO_2 \cdot 、N \cdot$$

SO_2 氧化和 H_2SO_4 形成：

$$SO_2 \xrightarrow{O \cdot} SO_3 \xrightarrow{H_2O} H_2SO_4$$

$$SO_3 \xrightarrow{\cdot OH} HSO_3 \cdot \xrightarrow{\cdot OH} H_2SO_4$$

NO_x 氧化和硝酸形成：

$$NO \xrightarrow{O \cdot} NO_2 \xrightarrow{\cdot OH} HNO_3$$

$$NO \xrightarrow{HO_2 \cdot} NO_2 \xrightarrow{\cdot OH} HNO_3$$

$$NO_2 \xrightarrow{\cdot OH} HNO_3$$

酸与氨生成硫酸铵和硝酸铵：

$$H_2SO_4 + 2NH_3 \longrightarrow (NH_4)_2SO_4$$

$$HNO_3 + NH_3 \longrightarrow NH_4NO_3$$

形成的副产物 $(NH_4)_2SO_4$ 和 NH_4NO_3 收集于收集器中。

影响脱硫脱硝效率的主要因素为脉冲电压峰值、脉冲重复频率、脉冲平均功率、反应器进口烟气温度、烟气流速、氨的化学计量比、反应器进口烟气中 SO_2 和 NO_x 体积分数以及烟气相对湿度。

三、实验装置与设备

1. 实验装置

实验装置由三部分组成（图 3-14）。① 配气部分：气体压缩机、缓冲罐、转子流量计、气体混合器。气体经流量计计量后分成两股：一股进入混合器，与来自气瓶的 SO_2 和 NO 气体混合；另一股不经混合器直接通过。混合气浓度是通过调节两股气的流量比例来控制的。② 脉冲电晕反应器：反应器应设计为线-板结构，由两组放电室组成，分别用两组脉冲电源供电；极板和电晕线采用不锈钢制成，外加保温层。③ 高压脉冲电源。

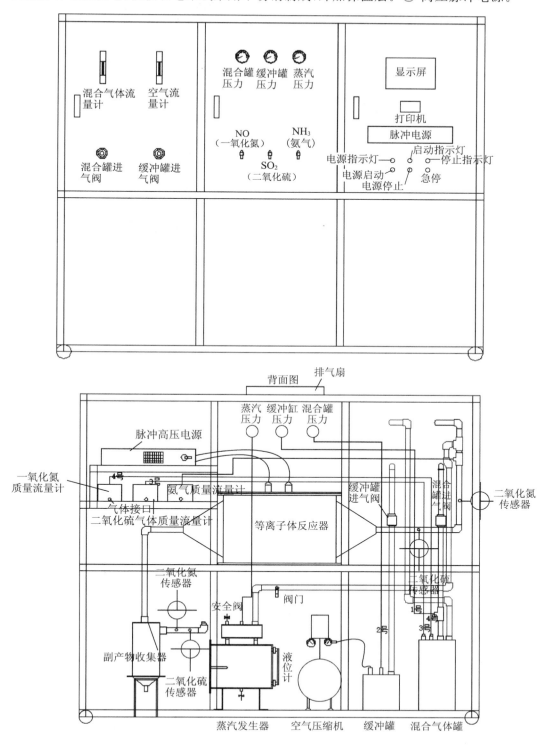

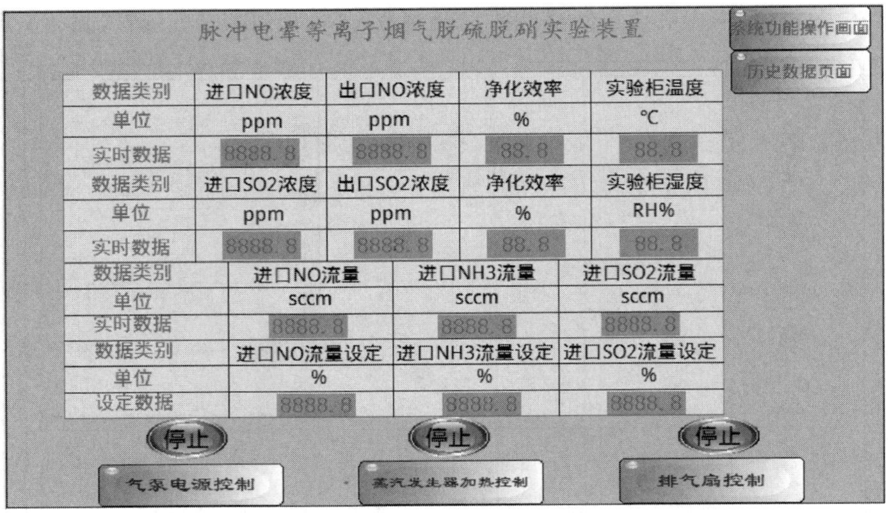

图 3-14　脉冲电晕等离子烟气脱硫脱硝实验装置示意图

2. 设备

空压机 1 台，SO₂ 钢瓶 1 个，NO 钢瓶 1 个，NH₃ 罐 1 个，缓冲罐 1 个，混合气体缓冲罐 1 个，质量流量计 3 个，气体流量计 2 个，等离子体反应器 1 台，高压脉冲电源系统 1 套，副产物收集器 1 台，气体传感器 2 套。

四、实验步骤

1. 实验调试工作

（1）对工艺管线（包括模拟烟气的管道、混合气和氨气管线等）、阀和接头等进行检查和调试。

（2）将高压脉冲电源系统、反应器和副产物收集器调试到最佳状态，并观察电晕放电的特性参数是否达到实验要求。

2. 实验操作

（1）将 SO₂ 气瓶、NO 气瓶和 NH₃ 气瓶分别接到对应的气瓶接口处。

（2）往蒸汽发生器内注入 3/4 容器体积的水。

（3）按下电源启动按钮，打开脉冲电源开关。

（4）在彩色触摸屏上点击"蒸汽发生器加热控制"按钮和"排风扇控制"按钮。

（5）调节气瓶进气（NO 和 SO₂ 进气）：首先拧开气瓶上的球阀，其次调节一级减压阀，再次调节质量流量计到一定的进气量，接着调节二级减压阀，然后打开面板箱上的球阀，最后打开并调节比例阀，将待检测气体输送到气体混合罐中。

（6）在彩色触摸屏上点击"气泵电源控制"按钮，打开缓冲罐进气阀，并调节到一定的流量数值。

（7）按下脉冲电源上的高压按钮，调节占空比到最大值，调节电压到一定的电压值，调节频率到一定的频率值。

（8）打开 NH₃ 进气阀门，调节对应的质量流量计到一定的数值，打开蒸汽发生器管道处的阀门，打开混合罐进气阀，并调节到一定的流量。

（9）读取彩色触摸屏上的数据记录，点击"下一页"。

（10）实验结束后，按下停止按钮或者急停按钮，实验结束。

五、数据记录与处理

将实验测得的数据和计算的结果等填入自行设计的实验数据记录表中，并对实验数据进行处理，包括实验过程中各物料转化率等的定义。

六、注意事项

（1）确保高压脉冲电源和反应器接地。

（2）严格遵守电源的开机、关机顺序。

（3）高压输出电缆在使用时不允许接近"地"或较低电位的物体。

七、问题讨论

（1）实验中还可以考虑哪些影响脱硫脱硝效率的因素？

（2）分析 pH 变化的原因。

八、知识链接

在脉冲电晕等离子体法（PPCP）发展的基础上，研发出来了一种脱除多种污染物的一体化解决方案：脉冲电晕等离子体烟气脱硫脱硝除尘一体化技术。其中，2015 年杭州天明环保工程有限公司在原有大功率脉冲电源技术的基础上，成功研发出了 PPCP 用大功率等离子体脉冲电源，并且成功将脉冲电晕等离子体烟气脱硫脱硝除尘一体化技术应用于杭州杭联热电和杭州富阳永泰热电等锅炉尾气处理项目。

九、参考文献

［1］朱泽沅. ANAMMOX 与反硝化协同反应脱氮性能及处理火电厂烟气脱硝尾液的实验研究［D］. 青岛：青岛大学，2015.

［2］彭国峰，王瑞，黄富，等. 烟气脱硫、脱氮技术在催化裂化装置中的应用分析［J］.石油炼制与化工，2015，46(3)：52－56.

［3］李凯，王服群，刘成，等. 利用渗滤液中氨尾气进行烟气脱硝的可行性研究［J］.工业安全与环保，2015(1)：36－39.

实验三十五　光催化技术处理 VOC 废气

一、实验目的

（1）了解光催化技术原理。

（2）了解 VOC 废气的来源及危害。

（3）掌握光催化技术处理 VOC 废气的方法。

二、实验原理

半导体光催化降解有害气体原理如图 3-15 所示。半导体在光照条件下激发产生电子-空穴对。产生的电子-空穴对可以在催化剂内部或表面直接复合；此外，由于半导体能带的不连续性，产生的空穴也可以与吸附在催化剂表面上的 H_2O 发生作用产生羟基自由基，产生的电子可以与吸附在催化剂表面上的氧气反应形成过氧自由基。形成的这些活性基团可以直接氧化各自气态有机污染物。

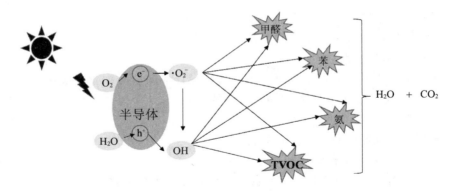

图 3-15　半导体光催化降解有害气体原理示意图

三、仪器与试剂

光催化降解 VOC 系统示意图如图 3-16 所示。

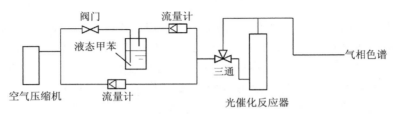

图 3-16　光催化降解 VOC 系统示意图

1. 仪器

氙灯光源、气相色谱、光催化反应器。

2. 试剂

二氧化钛。

四、实验步骤

(1) 在系统达到稳定后打开灯源,同时开始计时,并自动进样测定气态污染物的浓度。

(2) 每隔一定的光照时间自动进样,通过气相色谱测定污染物的峰面积。

(3) 待得到的峰面积基本保持稳定时结束实验,关闭灯源及相应的设备、气瓶。

(4) 通过改变灯源、进气流量、进气浓度等条件,分别测定这些因素对甲苯净化效率的影响,探索最佳处理条件。

五、数据记录与处理

将实验时间对光催化效率的影响记于表 3-21。

灯源波长:＿＿＿＿＿＿＿＿＿　　　　　进气流量:＿＿＿＿＿＿＿＿＿

表 3-21　实验时间对光催化效率的影响

光照时间/min						
峰面积						

六、注意事项

（1）在拧阀门之前,要用吹风机热风吹一段时间。

（2）实验过程中,要保持系统良好的气密性。

七、问题讨论

（1）影响光催化去除 VOC 效率的因素有哪些?

（2）除了常用的 TiO_2 光催化剂,还有哪些光催化剂可以使用?

（3）提高光催化净化 VOC 效率的途径有哪些?

八、知识链接

VOC 处理技术除了光催化氧化法之外,还有燃烧法、吸附法、吸收法和生物法等。它们对应的技术特点如表 3-22 所示。

表 3-22　常见的 VOC 治理技术

治理技术	原理	优点	缺点	影响因素
吸收法	以液体溶剂作为吸收剂,使废气中的有害成分被液体吸收,从而达到净化的目的,其吸收过程是气相和液相之间通过气体分子扩散或湍流扩散进行物质转移	对处理大风量、常温、低浓度有机废气比较有效且费用低,而且能将污染物转化成有用产品	吸收剂后处理投资大,对有机成分选择性高,易出现二次污染	有机物在吸收剂中的溶解度;有机废气的浓度;吸收器的结构形式,如填料塔、喷淋塔、液气比、温度等操作参数
吸附法	利用某些具有吸附能的物质(如活性炭、硅胶、沸石分子筛、活性氧化铝等)吸附有害成分而达到消除有害污染的目的	去除效率高,能耗低,工艺成熟,脱附后溶剂可回收	设备庞大,流程复杂,投资后运行费用较高且有二次污染产生;当废气中有胶粒物质或其他杂质时,吸附剂易中毒	其吸附效果主要取决于吸附剂性质、气相污染物和吸附系统工艺条件
燃烧法	分为直接燃烧法、催化燃烧法、浓缩燃烧法,其机理是氧化、热裂解和热分解,从而达到治理 VOC 的目的	适合小风量、高浓度、连续排放的场合,设备简单,投资少,操作方便,占地面积小,可以回收热能,净化彻底	有燃烧爆炸危险,热力燃烧需要消耗燃料,不能回收,催化燃烧的催化剂成本高,还存在中毒和寿命问题	燃烧温度,气相污染物种
生物法	利用微生物的新陈代谢过程对多种有机物和某些无机物进行生物降解,生成 CO_2 和 H_2O,进而有效去除工业废气中的污染物	设备简单,运行维护费用低,无二次污染等	对成分复杂的废气或难以降解的 VOC 去除效果较差,体积大且停留时间长	选用不同的填料其降解有机废气的效果有所不同

九、参考文献

［1］陆建刚,陈敏东,张慧. 大气污染控制工程实验［M］. 北京：化学工业出版社,2012.

［2］许宁. 大气污染控制工程实验［M］. 北京：化学工业出版社,2018.

［3］郝吉明,段雷. 大气污染控制工程实验［M］. 北京：高等教育出版社,2004.

［4］方选政,张兴惠,张兴芳. 吸附-光催化法用于降解室内 VOC 的研究进展［J］. 化工进展,2016,35(7)：2215 - 2221.

［5］吴雨,俞阜东,施佳瑾. VOC 废气治理工程技术方案分析［J］. 中国新技术新产品,2019(18)：104 - 105.

［6］刘峰. 室内空气中典型 VOCs 光催化降解研究［D］. 福州：福建工程学院,2019.

第四部分

噪声污染监测实验

实验三十六　城市道路交通噪声监测

一、实验目的

（1）掌握城市道路交通噪声的测定条件、布点原则及监测方法。

（2）加深对交通噪声的了解。

（3）掌握等效连续声级及累计百分数声级的概念。

二、实验原理

城市道路交通噪声为城市交通干线噪声的平均值，交通干线即城市规划部门确定的城市主、次干线。

本实验采用等效连续声级和累计百分数声级对所测量的噪声进行客观量度。等效连续 A 声级根据能量平均原则，将一个工作日进行时间分段，然后将各时间段内不同水平的噪声经过计算后统一用平均 A 声级来表达。假设在工作日内接触的是一种稳态噪声，则此噪声的等效连续 A 声级就用此 A 声级表达。如果接触的噪声强度不同或不是稳态噪声，则按下式计算：

$$L_{eq} = 10 \lg\left[\frac{1}{N}\sum_{i=1}^{N}10^{0.1L_{Ai}}\right] \qquad (4\text{-}1)$$

式中，L_{eq} 为等效连续声级，N 为测试数据个数，L_{Ai} 为第 i 个 A 计权声级。

累计百分数声级 L_n 表示在测量时间内高于 L_n 声级所占的时间为 $n\%$。对于统计特性符合正态分布的噪声，其累计百分数声级与等效连续 A 声级之间有近似关系。

$$L_{eq} \approx L_{50} + \frac{(L_{10} - L_{90})^2}{60} \qquad (4\text{-}2)$$

式中，峰值声级（L_{10}）表示在测量时段内，有 10% 的时间超过的噪声级，即噪声平均最大值。它是对人干扰较大的声级，也是交通噪声常用的评价值。平均声级（L_{50}）表示在测量时段内，有 50% 的时间超过的噪声级，即噪声的平均值。本底声级（L_{90}）表示在测量时段内，有 90% 的时间超过的噪声级，即噪声的本底值。等效声级（L_{eq}）是将测量时段内间歇暴露的几个 A 声级表示该时段内的噪声大小，是声级能量的平均值。

三、实验仪器

本实验所用测量仪器要求其精度满足Ⅱ型以上的积分式声级计或者采用环境噪声自动监测仪器。

四、实验步骤

1. 测量的气候条件

测量要注意在无雨雪、无雷电天气,风速为 5 m/s 以下时进行,其声级计注意传声器膜片始终保持清洁。若风力在三级以上,就要另加防风罩以避免风噪声干扰;若为四级以上大风,应立即停止测量,同时注明当时所采取的措施及气象情况。将噪声气象参数填入表 4-1。

表 4-1 噪声气象参数

检测日期	检测时间（昼）	天气状况	风向	风速/(m/s)	检测时间（夜）	天气状况	风向	风速/(m/s)

2. 测量工况

测量工作选择在被测声源完全正常工作的时间段进行,同时要记载测量工况。

3. 现场监测仪器及校准

将现场噪声监测仪器的型号等信息填入表 4-2。

表 4-2 现场噪声监测仪器

仪器名称	型号	编号	检定/校准日期	检定/校准有效期
声级计				

噪声监测分析过程中需要质量保证和质量控制,因此测量仪器和校准仪器要定期检验是否合格,并在有效期内使用;每次测量前后在测量现场进行声学校准,其前后校准示值偏差不得大于 0.5 dB,否则测量结果无效。测量时传声器应加防风罩。测量仪器时间计权特性设为"F"挡,采样时间间隔应不大于 1 s。将噪声测量前后校准结果填入表 4-3。

表 4-3　噪声测量前后校准结果

日期	校准声级/dB(A)			备注
	校准值	测量后	差值	
				测量前后校准声级差小于0.5 dB(A)有效

4. 噪声监测内容及频次

项目噪声监测内容及频次见表 4-4。

表 4-4　噪声监测内容及频次

监测点位	监测因子	监测频次
1	连续等效 A 声级	每天昼夜各__次,连续__天
2	连续等效 A 声级	每天昼夜各__次,连续__天

5. 采样点设置

道路交通噪声的测点应选在市区交通干线两路口之间,道路人行道上,距马路 20 cm 处,此处两交叉路口应大于 50 m,测点离地高度大于 1.2 m,并尽可能避开周围的反射物,以减少周围反射对测试结果的影响。

6. 测量方法

准备好实验仪器,打开电源稳定后,用校准仪对仪器进行校准。测量时每隔 5 s 记一个瞬时 A 声级,连续记录 200 个数据,同时记录交通流量。将 200 个数据从小到大排列,分别找出 L_{10}、L_{90}、L_{50} 代入公式(4-2)计算。

五、数据记录与处理

1. 监测结果记录

将城市道路交通噪声监测数据填入表 4-5。

表 4-5　城市道路交通噪声监测数据记录表

方法依据:　监测时间:　　大气状况:　　声级计型号:　　声级计编号:　　风速:　　m/s

编号	监测路段名称	监测时间	监测结果/dB(A)				车流量/(辆/h)		
			L_{eq}	L_{90}	L_{50}	L_{10}	大车	小车	摩托车

声级计校准:　　　校准器编号:　　　监测前校准值:　　　监测后校准值:

2. 监测结果评价

各路段道路交通噪声评价值可以采用该路段监测点测得的等效 A 声级 L_{eq} 及累计百分声级 L_{50} 表示

六、注意事项

（1）测量场地应平坦空旷，且在测试中心以 25 m 为半径的范围内，应无建筑物、围墙等，以防有较大的反射物而影响测定。

（2）测试场地跑道选择具有 20 m 以上的平直、干燥的沥青路面或混凝土路面，其路面坡度不应超过 0.5%。

（3）所测车辆噪声至少比本底噪声（包括风噪声）高 10 dB(A)，并保证测量时周边无偶然的其他声源存在，以防干扰。注：本底噪声指所测量的对象噪声不存在时，其周围环境的总体噪声。

（4）有风噪声干扰时，将防风罩罩上，但要注意防风罩对声级计灵敏度的影响。

（5）用声级计测定时，除测量者外，周边要求其他人员不得在场，如不可缺少，则必须在测量者的背后。

七、问题讨论

（1）在无机动车通过时，监测点处的背景噪声为多少？

（2）如何对全市交通噪声进行评价？

（3）如何绘制道路交通噪声污染空间分布图？

八、知识链接

道路交通噪声强度等级可以划分为一级至五级五个等级，"一级"至"五级"可分别对应评价为"好""较好""一般""较差""差"（表 4-6）。

表 4-6　道路交通噪声强度等级划分　　　　　　　　　　单位：dB(A)

等级	一级	二级	三级	四级	五级
昼间平均等效声级	≤68.0	68.1～70.0	70.1～72.0	72.1～74.0	>74.0
夜间平均等效声级	≤58.0	58.1～60.0	60.1～62.0	62.1～64.0	>64.0

九、参考文献

［1］过伟，管雪，严景超，等. 城市快速路交通噪声分布特征及污染现状［J］. 环境监控与预警，2015，7(4)：47－51.

［2］杨炜俊，蔡铭，王海波. 2016 年广州市道路交通噪声污染情况及频谱特性分析［J］. 环境工程，2018，36(1)：142－146.

［3］杨永红. 乌鲁木齐市区域环境噪声和道路交通噪声质量状况及防治对策［J］. 2017，19(9)：17－19，35.

实验三十七　城市区域环境噪声监测

一、实验目的

（1）掌握声级计的使用方法及城市区域环境噪声的监测方法。

（2）熟悉计算等效声级、统计声级、昼夜等效声级的方法。

（3）掌握对噪声监测数据的处理和评价方法。

二、实验原理

将城市某一区域或整个城市分成多个等大的正方形网格，网格要完全覆盖被测定的区域或城市。每个网格中的企业、道路及非建成区的面积之和不得大于网格面积的50%，有效网格总数应多于100个。采样点应注意选择在两条直线的交点处或方格中心处；网格大小的设定以噪声污染源强度、人口分布及人力、物力等条件进行确定。其目的是调查城市中某一区域（如居民文教区、混合区等）或整个城市的环境噪声水平，以及环境噪声污染的时间与空间分布规律。

三、城市区域环境噪声标准

城市区域环境噪声标准见表 4-7。

表 4-7　城市区域环境噪声标准　　　　　　　　　　　单位：dB（A）

类别	0 类	1 类	2 类	3 类	4 类
昼间	50	55	60	65	70
夜间	40	45	50	55	55

1 类标准适用于以居住、文教机关为主的区域。2 类标准适用于居住、商业、工业混杂区。3 类标准适用于工业区。4 类标准适用于城市中的道路交通干线道路两侧区域，穿越城区的内河航道两侧区域。穿越城区的铁路主、次干线两侧区域的背景噪声（指不通过列车时的噪声水平）限值也执行该类标准。

四、实验仪器

测量仪器精度为Ⅱ型及其以上的普通声级计、精密声级计或同类型的其他噪声测定系统。

五、实验步骤

1. 测量的天气条件

噪声测量应在无雨、无雪的天气条件下进行，风速达到 5 m/s 以上时须立即停止测量。将噪声气象参数填入表 4-8。

表 4-8　噪声气象参数

检测日期	检测时间（昼）	天气状况	风向	风速/（m/s）	检测时间（夜）	天气状况	风向	风速/（m/s）

2. 现场噪声监测仪器及校准

将现场噪声监测仪器的型号等信息填入表 4-9，噪声测量前后校准结果填入表 4-10。

表 4-9　现场噪声监测仪器

仪器名称	型号	编号	检定/校准日期	检定/校准有效期
声级计				

表 4-10　噪声测量前后校准结果

日期	校准声级/dB（A）			备注
	校准值	测量后	差值	
				测量前后校准声级差小于 0.5 dB（A）有效

3. 噪声监测内容及频次

项目噪声监测内容及频次见表 4-11。

表 4-11　噪声监测内容及频次

监测点位	监测因子	监测频次
1	连续等效 A 声级	每天昼夜各__次，连续__天
2	连续等效 A 声级	每天昼夜各__次，连续__天

4. 采样点设置

采用网格法测定，先选定某城市的区域，然后在此区域内外分 N 个网格，将各个网格按顺序进行编号，其测量点应选在每个网格中心处，因此共设定 N 个噪声监测点。

5. 测量方法

测量一般选在上午 8：00—12：00，下午 14：00—16：00 进行；在规定的测量时间内，每次每个测点测量 10 min 的等效声级（L_{eq}），将区域内所有网格等效连续声级取算术平均值，得到监测结果，其值代表某一区域或全市的噪声水平。

将测量得到的有效声级按 5 dB 一挡分级(如 61~65 dB,66~70 dB,71~75 dB)。每挡等效声级采用不同的颜色或阴影线进行标识表示,然后绘制在覆盖监测区域或城市的网格上,从而表达所测定的区域或城市的噪声污染分布情况。

六、数据记录与处理

1. 监测结果记录

将城市区域环境噪声监测数据填入表 4-12。

表 4-12 城市区域环境噪声监测数据记录表 单位:dB(A)

测点编号	年 月 日						年 月 日					
	检测时间	昼间		检测时间	夜间		检测时间	昼间		检测时间	夜间	
		测定值	背景值		测定值	背景值		测定值	背景值		测定值	背景值
1												
2												
3												
4												
...	—											
城市区域示意图及其网格监测点位置												

2. 监测结果评价

检测结果的评价采用等效连续声级法。等效连续声级法就是把实地监测所得到的 L_{eq} 值全部汇总进行算术平均运算,其所得到的平均值即为该区域的噪声水平,将该平均值对照《声环境质量标准》(GB 3096-2008),从而评价该区域的声环境质量符合标准的类别。

七、注意事项

(1)天气条件要求无雨无雪,声级计应始终保持传声器膜片清洁。若风力在三级以上,必须加防风罩以避免风噪声的干扰;若风力在五级以上,则应立即停止测量。

(2)在测量过程中,测定者手持仪器进行测量,记录者记录瞬时声级,传声器离地面 1.2 m 以上,噪声仪在测量时距任意建筑物大于 1 m,传声器应朝声源方向对准。

(3)声级计测定时附近不得有其他人员。若必须有人在场,则人可在测量者的背后。

(4)声级计在使用前后必须进行校准,以保证测量的准确性。一般采用活塞发生器、声级校准器或者其他声压校准仪器对声级计进行校准。

八、问题讨论

(1) 网格法在噪声测定中的优势何在？

(2) 为什么测量点距离任何建筑物应大于 1 m？

(3) 如何绘制城市区域环境噪声时间与空间污染分布图？

九、知识链接

城市区域环境噪声总体水平等级"一级"至"五级"可分别对应评价为"好""较好""一般""较差""差"，如表 4-13 所示。

表 4-13　城市区域环境噪声总体水平等级划分　　　　　单位：dB(A)

等级	一级	二级	三级	四级	五级
昼间平均等效声级	≤50.0	50.1～55.0	55.1～60.0	60.1～65.0	>65.0
夜间平均等效声级	≤40.0	40.1～45.0	45.1～50.0	50.1～55.0	>55.0

十、参考文献

[1] 程慧宇. 城市区域环境噪声监督性监测分析及防控措施[J]. 山西科技,2018,33(2)：124－128.

[2] 钱琪所,林秀珠. 城市噪声监测优化布点研究[J]. 环境科学导刊,2015,34(4)：112－117.

[3] 黄阳晓. 韶关市 2011～2015 年声环境质量状况及污染防治措施[J]. 广东化工,2016,43(12)：172－174.

[4] 杨永红. 乌鲁木齐市区域环境噪声和道路交通噪声质量状况及防治对策[J]. 大众科技,2017,19(9)：17－19,35.

实验三十八　工业企业噪声测试及控制实验

一、实验目的

(1) 掌握工业企业厂区和厂界噪声的测定条件、布点方法及测定方法。

(2) 掌握噪声监测数据的处理、评价方法。

(3) 掌握消声降噪等噪声防治措施。

二、实验原理

运用声级计测量企业厂区生产设备运营过程中产生和厂界选定测定的 A 声级,并对取得的瞬时值进行计算,对厂区内安装的消声降噪等噪声防治措施是否合理布局且达标进行评价,从而判断噪声对周围环境影响的程度。

三、噪声分析方法和排放标准

噪声分析方法见表 4-14,噪声排放标准见表 4-15。

表 4-14　噪声分析方法

监测项目	方法标准	方法检出限
噪声	《工业企业厂界环境噪声排放标准》(GB 12348—2008)	28～133 dB(A)(检测范围)

表 4-15　噪声排放标准

昼间/dB(A)	夜间/dB(A)	标准来源
60	50	《工业企业厂界环境噪声排放标准》(GB 12348—2008)2 类标准
65	55	《工业企业厂界环境噪声排放标准》(GB 12348—2008)3 类标准

四、实验仪器

采用积分平均声级计或环境噪声自动监测仪进行测量。使用 1 型声级计测量 35 dB 以下的噪声,且测量范围必须满足所测量噪声的需要。校准所用仪器,注意要满足 GB/T 15173—2010中对 1 级或 2 级声校准器的要求。当需要进行噪声的频谱分析时,仪器性能应满足 GB/T 3241—2010 中对滤波器的要求。

五、实验步骤

1. 测量天气条件

测量应在无雨雪、无雷电天气,风速 5 m/s 以下时进行,声级计的传声器膜片应始终保持清洁。若风力在三级以上,必须加防风罩以消除风噪声干扰;若风力在四级以上,应立即停止测量,同时注明当时所采取的措施及气象情况。将噪声气象参数填入表 4-16。

表 4-16　噪声气象参数

检测日期	检测时间(昼)	天气状况	风向	风速/(m/s)	检测时间(夜)	天气状况	风向	风速/(m/s)

2. 测量工况

测量工作在被测声源正常运作的时间进行,且随时注明其工况。

3. 现场监测仪器及校准

将现场噪声监测仪器的型号等信息填入表 4-17。

表 4-17　现场噪声监测仪器

仪器名称	型号	编号	检定/校准日期	检定/校准有效期
声级计				

噪声监测分析过程中需要质量保证和质量控制,因此测量仪器和校准仪器必须定期检验其合格性,并注意有效期;每次测量前后必须在测量现场进行声学校准,其前后校准示值偏差应小于 0.5 dB,否则视测量结果无效。如果测量时有风,则其传声器应加防风罩。测量仪器时间计权特性设为"F"挡,采样时间间隔控制在 1 s 之内。将噪声测量前后校准结果填入表 4-18。

表 4-18　噪声测量前后校准结果

日期	校准声级/dB(A)			备注
	校准值	测量后	差值	
				测量前后校准声级差小于 0.5 dB(A)有效

4. 噪声监测内容及频次

项目噪声监测内容及频次见表 4-19。

表 4-19　噪声监测内容及频次

监测点位	监测因子	监测频次
四周厂界外 1 m 处	连续等效 A 声级	每天昼夜各__次,连续__天
厂区各监测点	连续等效 A 声级	每天昼夜各__次,连续__天

5. 测点选择

(1) 厂区内固定设备结构的噪声测量。

厂区内有固定工业设备结构也会传声至噪声敏感建筑物,因此在噪声敏感建筑物室内测量时,其监测点必注意距离任何一个反射面至少 0.5 m,且高于地面 1.2 m 以上,并且距离外窗 1 m 以上,厂房内所有窗户必须处在关闭状态下。被测厂房内的其他可能干扰监测的声源(如空调机、排气扇、镇流器较响的日光灯、运转时出声的时钟等)必须关闭。

(2) 工业企业厂界的噪声测量。

在一般情况下,监测点应选在工业企业厂界外 1 m、高度 1.2 m 以上、距任何一个反射面距离大于 1 m 的位置。若厂界有围墙且周围有受影响的噪声敏感建筑物,则监测点应选在厂界外 1 m、高于围墙 0.5 m 以上的位置。若厂界与居民住宅等相连,无法测量到声源的真正实际噪声排放状况,则监测点应选在居室中央,并将其所测定的限值减 10 dB(A)作为评价依据。若声源位于高空、厂界设置了有声屏障等,应按"测点位置一般规定"设置监测点,同时在受影响的噪声敏感建筑物户外 1 m 处另设监测点。布点位置、布点数目及间距距离要按照实际情况设置。

（3）测量时段。

监测应在工业企业正常生产时间进行，按照昼间、夜间两个时段进行测量。夜间有频发、偶发噪声影响时同时测量其最大声级；若被测声源为稳态噪声，则可采用 1 min 的等效声级进行测定；若被测声源为非稳态噪声，则在测量被测声源时选择有代表性时段的等效声级。若有必要，则必须测量被测声源整个正常工作时段的等效声级。

（4）背景噪声的测量。

测量时环境必须不受被测声源影响且其他声环境与测量被测声源时保持一致，而测量时段与被测声源测量的时间长度相同。

六、数据记录与处理

1. 监测结果记录

将厂区内固定设备结构的噪声监测结果填入表 4-20，厂界噪声监测结果填入表 4-21。

表 4-20　厂区内固定设备结构的噪声监测结果　　　　单位：dB（A）

测点编号	年　月　日						年　月　日					
	检测时间	昼间		检测时间	夜间		检测时间	昼间		检测时间	夜间	
		测定值	背景值		测定值	背景值		测定值	背景值		测定值	背景值
1												
2												
3												
4												
…	—											
厂区示意图及其监测点位置												

表 4-21　厂界噪声监测结果　　　　单位：dB（A）

测点编号	年　月　日						年　月　日					
	检测时间	昼间		检测时间	夜间		检测时间	昼间		检测时间	夜间	
		测定值	背景值		测定值	背景值		测定值	背景值		测定值	背景值
N1东厂界外 1 m												

续表

测点编号	年 月 日								年 月 日							
	检测时间	昼间		检测时间	夜间				检测时间	昼间		检测时间	夜间			
		测定值	背景值		测定值	背景值				测定值	背景值		测定值	背景值			
N2 南厂界外1 m																
N3 西厂界外1 m																
N4 北厂界外1 m																
标准限值	—															
是否达标	—															
执行标准									《工业企业厂界环境噪声排放标准》(GB 12348—2008)中的2类标准							
厂区示意图及其厂界监测点位置																

2. 监测结果评价

背景噪声的声压值应该比待测噪声的声压级低 10 dB(A)以上。若测量值与背景值差值小于 10 dB(A),按表 4-22 进行修正。

表 4-22 测量值与背景值差值修正表   单位:dB(A)

差值	3	4～6	7～9
修正值	3	−2	−1

根据监测结果,对照《工业企业厂界环境噪声排放标准》(GB 12348—2008),就厂房内固定设备结构的噪声测量值与工业企业厂界噪声测量值进行对比,从而评价厂房内安

装的消声降噪等噪声防治措施是否合理布局且达标,进而判断企业生产所造成的噪声对周围环境影响的程度。

七、注意事项

(1) 注意反射声对监测的影响,一般应使传声器远离反射面2~3 m。

(2) 对于手持声级计,测定者应该尽量将身体离开话筒一段距离,使其传声器离地面1.2 m,距离测定者至少50 cm。

(3) 测定时间分为昼间和夜间两个时段。昼夜又可分为白天、早和晚三部分。一般白天选在8:00—12:00 和14:00—18:00 的工作时间范围内;夜间选在23:00—05:00 的睡眠时间范围内。

(4) 若生产环境有风和尘的影响,应给传声器加上防风罩和防尘罩。

八、问题讨论

(1) 用声级计测定时,如何选择快慢挡?

(2) 企业厂房内如何消声降噪?有哪些防治措施?

(3) 如何测定背景噪声?

九、知识链接

工业企业厂界环境噪声污染具有以下几个特点:噪声污染源是固定的,所发出的噪声具有稳定持续性特点;多数污染源对厂界环境噪声的贡献值与距厂界的距离有关,噪声影响范围一般都在厂区内。

因此,根据工业企业噪声源位置、排放特性、周边环境和敏感点分布情况布设工业企业厂界环境噪声监测点,一般布设原则如下:

(1) 厂界环境噪声受噪声源的影响最大处布点。

根据噪声源声级及分布情况,在厂界可能受噪声源影响最大处布设监测点。

(2) 与噪声敏感点影响对应。

可能受噪声源影响的敏感点(特别是学校、医院、疗养院等需要保持安静的建筑物)对应厂界距噪声敏感点最近处布设监测点。

(3) 厂界四周布点。

工业企业噪声排放具有长期性,虽然有些厂界目前没有噪声敏感点(如学校、医院、机关、科研单位、住宅等),但考虑到以后会有噪声敏感点出现,因此应在对应的厂界选择代表点位进行监测。

(4) 适当加密布点。

如果工业企业厂界较长(如大于200 m),则应适当地加密布点进行监测(考虑在一边厂界布设2 个及以上监测点位)。

(5) 避开除围墙外的其他屏障。

GB 12348—2008 中只提到围墙的屏障作用,实际监测时还应避开厂界上的其他建筑物(如厂房等)的屏障。

(6) 适当减少布点。

工业企业厂界外无敏感点,并且以后也不会有敏感点出现(如位于工业园区的工业企业,或厂界围墙外为其他工业企业生产厂房、大江大河),对应的厂界可以不设监测点。

十、参考文献

[1] 韦立. 声屏障在工业企业噪声污染控制上的应用[J]. 广东化工, 2017, 44(9): 220, 210.

[2] 陈万海, 胡勋, 许大海. 某石化企业作业现场噪声危害调查及分析[J]. 工业安全与环保, 2019, 45(12): 100-102.

[3] 环境保护部, 国家质量监督检验检疫总局. 工业企业厂界环境噪声排放标准: GB 12348—2008[S]. 北京: 中国环境科学出版社, 2008.

实验三十九   建筑施工场界噪声测试实验

一、实验目的

(1) 掌握建筑施工场界噪声的测定条件及测定方法。

(2) 掌握噪声布点监测方法。

(3) 掌握建筑工场地消声降噪等噪声防治措施。

二、实验原理

运用声级计测量建筑施工场界选定测定的 A 声级, 并对取得的瞬时值进行计算, 计算出昼间和夜间连续等效 A 声级, 从而对建筑施工场内安装的消声降噪等噪声防治措施进行评价, 进而判断噪声对周围环境的影响程度。

三、噪声分析方法和排放标准

噪声分析方法见表 4-23, 噪声排放标准见表 4-24。

表 4-23   噪声分析方法

监测项目	方法标准
噪声	《声环境质量标准》(GB 3096—2008)

表 4-24   噪声排放标准

昼间/dB(A)	夜间/dB(A)	标准来源
60	50	《声环境质量标准》(GB 3096—2008)2 类标准
65	55	《声环境质量标准》(GB 3096—2008)3 类标准

四、实验仪器

测量仪器为积分声级计。在测量前后要对使用的声级计进行校准。

五、实验步骤

1. 测量天气条件

测量应选在无雨、无雪的天气进行。当风速超过 1 m/s 时, 要求在测量时加防风罩; 如风速超过 5 m/s, 则应停止测量。将噪声气象参数填入表 4-25。

表 4-25　噪声气象参数

检测日期	检测时间（昼）	天气状况	风向	风速/(m/s)	检测时间（夜）	天气状况	风向	风速/(m/s)

2. 现场监测仪器及校准

将现场噪声监测仪器的型号等信息填入表 4-26。

表 4-26　现场噪声监测仪器

仪器名称	型号	编号	检定/校准日期	检定/校准有效期
声级计				

噪声监测分析过程中需要质量保证和质量控制,因此测量仪器和校准仪器需要定期检验其合格性,并关注有效期;在每次测量前及测量后必须在测量现场进行声学校准,要求其前后校准示值偏差小于 0.5 dB,否则测量结果视为无效。在测量时其传声器在有风时应加防风罩。测量仪器时间计权特性设为"F"挡,采样时间间隔应小于 1 s。将噪声测量前后校准结果填入表 4-27。

表 4-27　噪声测量前后校准结果

日期	校准声级/dB(A)			备注
	校准值	测量后	差值	
				测量前后校准声级差小于 0.5 dB(A)有效

3. 噪声监测内容及频次

项目噪声监测内容及频次见表 4-28。

表 4-28　噪声监测内容及频次

监测点位	监测因子	监测频次
四周建筑场界外 1 m 处	连续等效 A 声级	每天昼夜各__次,连续__天
场区各监测点	连续等效 A 声级	每天昼夜各__次,连续__天

4．测点选择

（1）建筑施工场地边界线的噪声测量。

建筑施工场地边界线是根据城市建设部门提供的建筑方案和其他与施工现场情况有关的数据来确定的，同时在测量表中边界线与噪声敏感区域之间的距离要标识。

（2）敏感建筑的噪声测量。

根据场地的建筑作业方位和活动形式，选择噪声敏感建筑或区域的方位，然后在建筑施工场地边界线上再选择离敏感建筑物或区域最近的点作为测定点。由于敏感建筑物方位的差异，对于同一个建筑施工场地，可同时有几个测定点。

（3）测量时间。

测量时间分为昼间和夜间两部分，时间的划分可由当地人民政府确定。测定期间，各施工机械车辆、搅拌机（车），以及在施工场地上运转的车辆的活动，均属于施工场地范围内的建筑施工活动。

六、数据记录与处理

1．监测结果记录

将敏感建筑噪声监测结果填入表4-29，建筑施工场地边界线的噪声监测结果填入表4-30。

表 4-29　敏感建筑噪声监测结果　　　　　　　　单位：dB（A）

测点编号	年　　月　　日					年　　月　　日				
	检测时间	昼间		检测时间	夜间		检测时间	昼间		检测时间	夜间	
		测定值	背景值		测定值	背景值		测定值	背景值		测定值	背景值
1												
2												
3												
4												
…	—											
敏感建筑物的方位、距离及相应边界线处测点												

表 4-30　建筑施工场地边界线的噪声监测结果　　　　　单位：dB(A)

测点编号	年　月　日						年　月　日					
	检测时间	昼间		检测时间	夜间		检测时间	昼间		检测时间	夜间	
		测定值	背景值		测定值	背景值		测定值	背景值		测定值	背景值
N1 东场界外 1 m												
N2 南场界外 1 m												
N3 西场界外 1 m												
N4 北场界外 1 m												
标准限值	—											
是否达标	—											
建筑施工场地及边界线示意图及其场界监测点位置												

2. 监测结果评价

背景噪声的声压值应该比待测噪声的声压级低 10 dB(A)以上。若测量值与背景值差值小于 10 dB(A)，按表 4-31 进行修正。

表 4-31　测量值与背景值差值修正　　　　　　　　　　　　单位：dB(A)

差值	3	4～5	6～9
修正值	−3	−2	−1

根据监测结果，对照《声环境质量标准》(GB 3096—2008)，就建筑施工场所内固定设备结构的噪声测量值与施工场界噪声测量值进行对比，从而评价施工场地所安装的消声降噪等噪声防治措施是否合理布局且达标，进而判断建筑施工场地所造成的噪声对周围住宅区、机关、学校、商业区及公共场所环境影响的程度。

七、注意事项

(1) 建筑施工场地的边界是由政府有关部门限定的建筑施工场地最外面的边界线。

(2) 建筑施工场地是指工程限定的边界范围以内的区域，以及规定界线以外的确实用于建筑或拆毁的其他中间准备区域。

(3) 噪声敏感区域指受到建筑施工噪声影响的住宅区、机关、学校、商业区及公共场所等，其背景噪声比建筑施工场地产生的噪声级低的区域。

(4) 背景噪声是指当建筑施工场地停止施工时，上述区域的环境噪声。

八、问题讨论

(1) 传声器如何设置？

(2) 建筑施工场地如何消声降噪？有哪些防治措施？

(3) 建筑施工场界噪声和扰民噪声如何监测？

九、知识链接

《中华人民共和国环境噪声污染防治法》第二十九条规定："在城市市区范围内，建筑施工过程中使用机械设备，可能产生环境噪声污染的，施工单位必须在工程开工十五日以前向工程所在地县级以上地方人民政府生态环境主管部门申报该工程的项目名称、施工场所和期限、可能产生的环境噪声值以及所采取的环境噪声污染防治措施的情况。"

《中华人民共和国环境噪声污染防治法》第三十条规定："在城市市区噪声敏感建筑物集中区域内(《中华人民共和国环境噪声污染防治法》第六十三条第二款规定'噪声敏感建筑物是指医院、学校、机关、科研单位、住宅等需要保持安静的建筑物'；《中华人民共和国环境噪声污染防治法》第六十三条第三款规定'噪声敏感建筑物集中区域是指医疗区、文教科研区和以机关或者居民住宅为主的区域')，禁止夜间进行产生环境噪声污染的建筑施工作业，但抢修、抢险作业和因生产工艺上要求或者特殊需要必须连续作业的除外。因特殊需要必须连续作业的，必须有县级以上人民政府或者其有关主管部门的证明。前款规定的夜间作业，必须公告附近居民。"

《中华人民共和国环境噪声污染防治法》第六条规定："县级以上地方人民政府生态环境主管部门对本行政区域内的环境噪声污染防治实施统一监督管理。"

国家环保总局《关于建筑施工夜间作业噪声污染防治监督管理问题的复函》(环发[1998]104 号)根据《中华人民共和国环境噪声污染防治法》第三十条和第六条的规定，对"特殊生产工艺""特殊需要"做出了如下解释：

某种建筑施工作业是否属于生产工艺要求必须夜间连续作业，应由施工单位提出，报环保部门认定。

　　某项建筑施工是否属于必须夜间连续作业的"特殊需要",以县级以上人民政府或者其有关主管部门出具的证明作为判断依据。

　　有权出具"因特殊需要必须连续作业"证明的"有关主管部门",是指县级以上人民政府明确授权的主管部门。

十、参考文献

　　[1] 环境保护部,国家质量监督检验检疫总局.声环境质量标准:GB 3096—2008[S].北京:中国环境科学出版社,2008.

　　[2] 杨健,俸强,易丹,等.实际监测中稳态和非稳态噪声源监测方式的探讨[J].黑龙江 环境通报,2016,40(4):86-90.

　　[3] 赵鹏霄.建筑施工噪声环境管理难点及对策[J].技术与市场,2019,26(8):195-196.

第五部分

固体废物处理与处置实验

实验四十　固体废物的破碎筛分实验

一、实验目的

（1）掌握固体废物破碎筛分的目的和原理。

（2）熟悉典型破碎筛分设备的使用方法。

（3）熟悉典型固体废物的破碎筛分过程。

二、实验原理

固体废物的破碎是通过机械的方法，利用粉碎工具减小固体废物的颗粒尺寸，使其由大块变小块，再由小块变成细粉的过程。筛分是利用不同筛孔尺寸的筛子使物料中的细物粒和粗物粒分离的过程。

通过破碎和筛分可以达到以下目的：① 使固体废物堆积密度和体积减小，便于对其进行压缩、运输、贮存、高密度填埋及加速复土还原。② 使固体废物均匀一致，增加其表面积，以便提高焚烧、热解、熔烧、压缩等作业的稳定性和处理效率。③ 可分离联生在一起的矿物或联结在一起的异种材料等单体。④ 防止锋利、粗大的固体废物对分选、焚烧、热解等设备的损坏。⑤ 可为固体废物的分选提供所要求的入选粒度，便于提高有用物料的回收效率。⑥ 可为固体废物的后续加工和资源化利用做准备。

按照破碎固体废物所用外力消耗能量的形式，可分为机械能破碎和非机械能破碎两类。目前机械能破碎应用更为广泛，主要有压碎、劈碎、折断、磨碎和冲击破碎五种方法。目前，常用于破碎固体废物的破碎机可分为辊式破碎机、锤式破碎机、冲击式破碎机、反击式破碎机、剪切式破碎机、颚式破碎机、立式液压圆锥破碎机、复合式破碎机和球磨机等。在选择破碎设备对不同类型的固体废物进行破碎时，应综合考虑所需要的破碎能力，固体废物的性质和颗粒大小，对破碎产品粒径大小、粒度组成、形状的要求，供料方式以及安装操作场所情况等因素。

三、仪器与材料

1. 仪器

颚式破碎机、磨碎机、电动振筛机（8411 型，标准筛一套）、震击式标准振摆仪（ZBSX-92A 型，标准筛一套）、烘箱、电子分析天平。

2. 材料

建筑垃圾。

四、实验步骤

（1）自备 1 000 g 左右的典型固体废物建筑垃圾。

（2）将固体废物在 70 ℃下烘干 8 h，冷却后，分选最大尺寸小于 50 mm 的固体废物用于颚式破碎机破碎。

（3）称取 500 g 已筛选的固体废物于颚式破碎机中粉碎 5 min，再将破碎后的固体放入磨碎机中破碎 1 min，观察破碎前后固体废物的物理尺寸和表面变化，记录破碎前后固体废物的质量和体积。

（4）按筛目由大至小的顺序将标准筛安装在振筛机上，将破碎样品加入顶部标准筛中，然后连续往复摇动 10 min，分别记录不同筛孔尺寸筛子的筛上产物质量，并计算不同粒度物料所占质量百分比。

五、数据记录与处理

将实验数据填入表 5-1。

表 5-1　不同筛孔尺寸筛上产物质量与质量分数

目数	孔径/mm	筛上产物质量/g	质量分数/%
10	2.0		
20	0.90		
40	0.45		
80	0.18		
160	0.098		
200	0.074		
300	0.05		
>300	<0.05		

六、注意事项

（1）筛分过程中，筛子要保持一定的倾斜度。

（2）粉碎设备启动后，要与设备保持一定的距离。

（3）粉碎设备启动前，要仔细检查设备的工作状态是否安全。

七、问题讨论

（1）试分析固体废物进行破碎和筛分的目的。

（2）为什么试样进行粉碎筛分前要干燥？

（3）如何根据固体废物的性质选择适宜的破碎方法？应综合考虑哪些因素？

八、知识链接

常用的固体废物破碎机的分类及破碎方法选择：

1. 破碎机分类

常用的固体废物破碎机的分类见表5-2。

表 5-2　常用的固体废物破碎机的分类

类型	原理	适用对象
剪切式破碎机	通过固定刀和可动刀之间的作用,将固体废物切开或者割裂成适宜的形状和尺寸	低二氧化硅含量的松散废物
锤式破碎机	利用电动机带动大的转子,转子上面铰接重锤,以铰链为轴转动,通过重锤对废物冲击后抛射到破碎板上时的冲击作用,以及锤头引起的剪切作用等对废物进行破碎	等强度且腐蚀性较弱的固体废物
颚式破碎机	借助于动颚周期性地靠近或者离开固定颚,使物料受到挤压、劈裂和弯曲作用而破碎	强度与韧性高、腐蚀性强的废物
辊式破碎机	利用辊子的转动,将废物卷入辊子之间加以挤压破碎	脆性和韧性的中硬、松软、黏湿性物料

2. 固体废物破碎方法的选择

应根据固体废物的机械强度,尤其是硬度,确定合适的破碎方法。一般情况下,采用挤压、劈裂、弯曲、冲击和磨碎等方法对脆硬性废物(如废矿石等)进行破碎,采用剪切和冲击破碎法对柔硬性废物(如废钢铁、废塑料等)进行破碎;选用湿式和半湿式破碎法对含有大量废纸的生活垃圾进行破碎;而对于粗大的固体废物,先将其剪切或者压缩成型,再对其进行破碎。

九、参考文献

[1] 赵由才,牛冬杰,柴晓利. 固体废物处理与资源化[M]. 3 版. 北京:化学工业出版社,2019.

[2] 边炳鑫,张鸿波,赵由才. 固体废物预处理与分选技术[M]. 2 版. 北京:化学工业出版社,2017.

[3] 白圆. 固体废物处理与处置概论[M]. 北京:科学出版社,2016.

[4] 王琳. 固体废物处理与处置[M]. 北京:科学出版社,2014.

[5] 黄庆,张承龙,王景伟. 典型固体废弃物选择性破碎技术研究进[J]. 环境工程,2019,37(6):141－145.

实验四十一　典型固体生活垃圾的热值测定

一、实验目的

(1) 掌握全自动热量计的使用方法。

(2) 熟悉纸张、织物、木屑、布等生活垃圾的热值测定方法。

(3) 了解固体垃圾焚烧工艺的影响因素。

二、实验原理

随着我国城市工业化、规模化进程的加快,国民经济的高速发展,人民生活水平的日益提高,居民生活垃圾排放量骤增。为了达到固体垃圾减量化、高度无害化和回收能源的目的,对固体垃圾进行焚烧处理是目前国内外普遍采取的处理方式。固体垃圾的焚烧过程必须以良好的燃烧为基础,要求固体废物具有一定的热值才能维持燃烧。目前推算出垃圾采用焚烧处理方式对应的低位发热量应不小于 3 767 kJ/kg。固体垃圾热值越高,提供的可利用热能越多,获得的经济效益越大。此外,固体垃圾热值也是制定焚烧工艺、设备选型的重要参数之一。

垃圾热值(又称发热量)是单位质量垃圾完全燃烧所释放出的热量。目前固体废物热值的测定方法主要是通过氧弹量热计。热值测量基本原理是根据能量守恒定律,样品完全燃烧时放出的能量将促使氧弹量热计本身及周围的介质温度升高,通过测量介质燃烧前后温度的变化求出该样品的热值。

在操作温度为 20 ℃、氧弹量热计中水体积一定、水纯度稳定的条件下,水的比热容 c [J/(kg·K)] 为常数,氧弹量热计系统的热容量是固定的,可燃固体垃圾燃烧发热会引起氧弹量热计中水温变化 ΔT(K),通过探头可测得固体垃圾样品的发热量 Q(J),进而可以求出固体垃圾的热值 q(J/kg)。

$$Q = c \cdot m \cdot \Delta T = q \cdot m \tag{5-1}$$

$$q = c \cdot \Delta T \tag{5-2}$$

三、仪器与材料

1. 仪器

微电脑全自动氧弹量热计、烘箱、氧气钢瓶、电子天平(0.1 mg)、压片机、坩埚。

2. 材料

燃烧丝、垃圾样品(纸张、织物、木屑、布、混合样等)。

四、实验步骤

(1)从固体垃圾中选取有代表性的样品,如纸张、织物、木屑、布等,用四分法缩分 3~5 次后,再用粉碎机将其粉碎成粒径小于 0.5 mm 的微粒,置于烘箱中,设置温度为 100 ℃~105 ℃,烘干至恒重,备用。

(2)称 1.0~1.5 g 待测试样微粒,用压片机压片,准确称量试样压片质量。

(3)把待测试样压片放入坩埚,将坩埚装在坩埚架上。在两电极上装好点火丝,拧紧弹盖,在充氧装置上充氧,压力 2.8~3.0 MPa,充氧时间不少于 30 s。

(4)将氧弹装到内筒的氧弹架上,盖好内筒盖。打开计算机并启动全自动氧弹量热计,输入试样编号和试样质量,设置好参数,开始测定。

(5)测试完毕后,记录数据,并比较不同典型固体垃圾的热值。

五、数据记录与处理

将测得的固体垃圾样品的热值记于表 5-3。

表 5-3 固体垃圾样品的热值

编号	样品名称	m/g	$q/(J/kg)$
1			
2			
3			

六、注意事项

（1）固体垃圾在测定热值前应进行筛选粉碎，并在 100 ℃～105 ℃条件下烘干至恒重。

（2）氧弹量热计应放在单独房间固定台面上，不得在同一房间内同时进行其他实验项目。

（3）实验室温度应尽量保持恒定，以 15 ℃～35 ℃为宜，一次实验过程室温变化小于 1 ℃。

七、问题讨论

（1）影响固体废物热值测定的因素有哪些？

（2）固体废物采用焚烧法处理时的最小热值是多少？

（3）纸张、织物、木屑、布等固体垃圾的热值是否相同？为什么？

八、知识链接

焚烧是实现垃圾无害化、减量化、资源化的最好途径，已成为城市垃圾处理的主要方法之一。经过高温燃烧，垃圾中的可燃物被氧化分解成惰性残渣，且高温过程可以灭菌消毒；此外，还可以回收利用焚烧过程所产生的热能。焚烧厂的炉渣检验合格后可作为建筑材料的混合料使用，否则需对炉渣进行卫生填埋。烟道灰往往含有危毒物质，应对其做固化处理后再进行卫生填埋。垃圾焚烧设施必须配有良好的烟气处理设施，以防止焚烧过程中重金属、有机污染物等再次排入环境中造成二次污染。

九、参考文献

［1］赵由才，牛冬杰，柴晓利. 固体废物处理与资源化［M］. 3 版. 北京：化学工业出版社，2019.

［2］任芝军. 固体废弃物处理处置与资源化技术［M］. 哈尔滨：哈尔滨工业大学出版社，2010.

［3］赵由才，龙燕，张华. 生活垃圾卫生填埋技术［M］. 北京：化学工业出版社，2004.

［4］房科靖，熊祖鸿，鲁敏，等. 垃圾热值的研究进展［J］. 新能源进展，2019，7（4）：359-364.

［5］文科军，吴丽萍，杨丽，等. 可燃垃圾的焚烧热值分析［J］. 环境科学与技术，2007，30（7）：40-42.

实验四十二　有害固体废物的固化实验

一、实验目的

（1）熟悉固化处理的基本原理。

（2）掌握水泥固化处理的一般步骤及操作规程。

（3）初步掌握固化处理有害废物的工艺过程和研究方法。

二、实验原理

随着经济的发展、重工业的崛起，含铅、镉、铬、汞、锰等重金属的工业废渣大量排出，对国民健康和生态系统造成了巨大危害。"十三五"规划中，重金属污染的治理已成为我国现阶段环保工作的重点,而对含重金属有害固体废物进行固化处置已成为有力的环境保障。

有害固体废物的固化处理是指使用物理、化学方法将有害废物掺合并包容在密实的惰性基材中,使其达到稳定化的处理方法,是常用的废物处理方法之一。有害废物经固化处理后得到结构完整的整块固体,可降低其渗透性和溶出性,能安全地运输,方便对其进行堆存或填埋处理,稳定性和强度适宜的固块还可用作筑路基材或建筑材料。

固化处理按照固化剂可分为包胶固化、自胶结固化和玻璃固化。每种固化方法适用的废物类型不同。其中,包胶固化适于多种废物的固化,自胶结固化只适用于含有大量能成为胶结体的废物,而玻璃固化适用于极少量剧毒废物的处理。按所使用的基材,包胶固化可分为水泥固化、石灰固化、塑性材料固化和有机聚合物材料固化。水泥是一种无机胶凝材料,是以水化反应的形式凝固并逐渐硬化的,其水化生成的凝胶将有害废物包容固化;同时,重金属离子在水泥的高 pH 作用下生成难溶的氢氧化物或碳酸盐而达到稳定化。此外,某些重金属离子也可固定在水泥基体的晶格中,可有效防止其渗出到环境介质中,减小二次环境污染风险。因此,水泥固化广泛应用于放射废物、电镀污泥、铬渣、汞渣、铅渣等固体废物的固化处理。

三、仪器与材料

1. 仪器

胶沙搅拌机、凝结时间测定仪、振动台、模具、标准养护箱、强度试验机、台秤、秒表、量杯。

2. 材料

水泥、工业废渣、黄沙。

四、实验步骤

1. 水泥净浆标准稠度的测定

称取 400 g 水泥,量取 114 mL 的水,将二者拌成均匀的水泥净浆后倒入圆模中;用凝结时间测定仪测定试锥在水泥净浆中的下沉深度 D(mm),计算标准稠度用水量($P = 35.4 - 0.185D$)。

2. 水泥净浆凝结时间的测定

用标准稠度用水量制成标准稠度的水泥净浆后,立即将其一次倒入圆模中,振动刮平后,将其放入养护箱内;从养护箱中取出圆模放在试针下,使试针与净浆表面接触,拧紧螺丝,然后突然松开螺丝,使试针自由插入浆体,记录指针读数。自加水时算起,到指针沉入浆体距底板 0.5～1.0 mm 时所经历的时间为初凝时间,到指针插入浆体不超过 1.0 mm 时所经历的时间为测定凝结时间。

3. 水泥固化试块的制作

分别称量 600 g 水泥、700 g 黄沙和 400 g 工业废渣(已粉碎至 60 目),按标准稠度计算用水量,准确量取所需用水量。将所称量的水泥、黄沙和工业废渣放入胶沙搅拌机内,搅拌 10～15 s 后,将水缓缓注入,搅拌 3 min 后停机。将标准模具固定在振动台上,将沙浆迅速倾入模具内,振动 1～2 min 后取下模具,用刮刀刮平后放入养护箱,24 h 后脱模,并继续进行水中养护。

4. 水泥固化试块抗压强度的测定

使用强度试验机分别测定水泥固化试块在 3 天、7 天、14 天龄期的抗压强度。

五、数据记录与处理

将测定结果记于表 5-4 和表 5-5。

表 5-4　水泥净浆的标准稠度和凝结时间的测定结果

下沉深度/mm	标准稠度用水量/mL	初凝时间/min	凝结时间/min

表 5-5　水泥固化试块抗压强度的测定结果

抗压强度/MPa	3 天	7 天	14 天

六、注意事项

（1）水泥固化试块制作过程中要缓慢加水。

（2）模具使用前后要清理干净，晾干后涂上一层机油。

七、问题讨论

（1）影响水泥固化的因素有哪些？

（2）水泥固化过程中发生哪些化学反应？

（3）水泥固化试块要养护一段时间的原因有哪些？

八、知识链接

水泥固化是一种常用的废物固化处理方法，也是危险废物无害化、稳定化处理的有效方法之一。由于废物组成的特殊性，在水泥固化过程中，往往遇到混合不均匀、凝固时间过早或过迟、强度较低、有害物质的浸出率较高等诸多问题。在固化过程中，沸石、黏土、缓凝剂或速凝剂、硬脂酸丁酯等常被用作添加剂以改善固化物的性能。

水泥原料和添加剂廉价易得，固化工艺和设备相对简单，设备和运行费用低，尤其是对含水量较高的废物可以直接固化，因此，水泥固化法是一种对含高毒重金属废物进行处理的十分有效的方法。水泥固化产品经过沥青涂覆后，能有效地降低毒性成分的浸出，且固化体的强度、耐久性、耐热性均较好，适于投海处置，部分固化产品甚至可用作路基或建筑物的基础材料。

九、参考文献

［1］王琳. 固体废物处理与处置［M］. 北京：科学出版社，2014.

［2］傅垣洪. 重金属危废的固化处置工艺［J］. 山西化工，2019，39(3)：192－194.

［3］郝玉，徐宏勇，柏舸，等. 垃圾焚烧飞灰中 Cd、Pb、Zn 的螯合稳定与水泥固化处理［J］. 环境工程学报，2018，12(8)：2357－2362.

［4］李喜林，张佳雯，陈冬琴，等. 水泥固化铬污染土强度及浸出试验研究［J］. 硅酸盐通报，2017，36(3)：979－983，990.

［5］汪发红，李波. 铬铁渣水泥固化体水溶性 Cr^{6+} 溶出规律及其水化产物［J］. 无机盐工业，2015，47(7)：52－54.

［6］陈蕾，刘松玉，杜延军，等. 水泥固化重金属铅污染土的强度特性研究［J］. 岩土工程学报，2010，32(12)：1898－1903.

实验四十三　垃圾渗滤液土柱淋滤实验

一、实验目的

（1）通过模拟淋滤实验，了解垃圾渗滤液在土壤中的迁移情况。

（2）了解垃圾填埋场渗滤液的污染特性及其对环境的影响。

二、实验原理

垃圾渗滤液是指垃圾在堆放和填埋过程中由于发酵、雨水冲刷和地表水、地下水浸泡而渗滤出来的污水。由于垃圾渗滤液在形成、流动过程中会受到物理因素、化学因素及生物因素的影响，其性质的变动范围较大。垃圾渗滤液具有水质复杂、危害性大、COD_{Cr} 和 BOD_5 浓度高、金属含量较高、水质水量变化大、氨氮含量较高、微生物营养元素比例失调等特点。垃圾渗滤液不妥善处理而直接排入环境，会对周围的地表水、地下水和土壤造成严重污染。

垃圾填埋产生的渗滤液在向下迁移的过程中，其中的许多成分，包括有机质、金属等物质受到土壤的净化作用，浓度会逐渐降低，同时土壤受到污染。土柱淋滤实验是确定污染物在土壤中迁移转化规律的基本实验，已被广泛应用于农业、水利、环境等科学研究领域。应用土柱淋滤实验，可以在实验室内模拟垃圾渗滤液在土壤中的迁移情况，为评价垃圾渗滤液在土壤中的迁移行为，开展垃圾渗滤液对土壤及地下水的污染风险评价提供理论指导。

三、仪器与试剂

1. 仪器

模拟淋滤装置、pH 计、回流锥形瓶、回流冷凝管、酸式滴定管、电热板、烧杯、量筒、锥形瓶。

2. 试剂及材料

浓硫酸、硫酸-硫酸银溶液、硫酸亚铁铵标准溶液、重铬酸钾标准溶液、试亚铁灵指示剂、石英砂。

四、实验步骤

1. 垃圾渗滤液样品预处理

取适量垃圾渗滤液，稀释到 COD 浓度约为 2 000 mg/L，备用。

2. 土柱的填装

采集校园草坪土壤样品，捡出石头、植物根等杂质，摊铺晾干，用木槌将大土块碾碎，过 50 目筛，备用。装土前将玻璃柱洗净晾干，在柱底部铺上 2～3 cm 石英砂，再将土样装入玻璃柱中（注意控制土样的压实密度，过密将延长实验时间，过松将影响净化效果），在土柱表层再铺上 2～3 cm 石英砂（图 5-1）。装柱完毕后测量土样厚度。

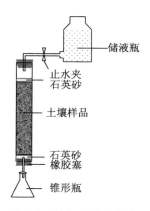

储液瓶

止水夹
石英砂

土壤样品

石英砂
橡胶塞

锥形瓶

图 5-1　垃圾渗滤液土柱淋滤模拟实验装置

3. 土柱淋滤实验

将稀释后的渗滤液注入模拟淋滤柱上部,保持渗滤液液面距上层石英砂约 10 cm,同时记录时间。渗滤液从柱底部渗出后,立即记录时间,并进行 pH、COD 的监测。于设定时间间隔对渗滤液的渗出液体积、pH、渗出液 COD 浓度(用稀释倍数法测量渗出液 COD 浓度)进行测定。

五、数据记录与处理

将渗滤液的渗出液体积、pH、渗出液 COD 浓度记于表 5-6 中,绘制渗出液 COD 浓度随时间的变化曲线及土柱对渗滤液 COD 的净化效率曲线。

表 5-6　土柱淋滤实验渗出液参数记录

编号	取样时间	体积/mL	pH	COD/(mg/L)
1	0			
2	10 min			
3	30 min			
4	1 h			
5	2 h			
6	3 h			

六、注意事项

(1) 装填土样时,应注意控制土样的压实密度,不可过密或过松。

(2) 实验过程中应保持渗滤液液面距上层石英砂约 10 cm 的距离。

七、问题讨论

(1) 若实验所用土壤样品为黏土材料,实验结果会有哪些差异?

(2) 土柱土样装填密度过密或过松会对净化效果有何影响?

(3) 分析垃圾渗滤液对土壤的污染规律。

八、知识链接

垃圾渗滤液处理方法见表 5-7。

表 5-7　垃圾渗滤液处理方法简介

方法	原理	特点
物理化学法	活性炭吸附、化学絮凝沉淀、化学还原、离子交换、化学氧化、气提及湿式氧化、蒸干法等	效果好,速度快;能耗高,成本管理费用高
好氧处理法	活性污泥法、曝气氧化塘、生物膜法、生物转盘和滴滤池等	处理费用低,效率高;污泥量大,所需营养物质多
厌氧处理法	固定膜生物反应器、厌氧塘、厌氧污泥床等	能耗少,操作简单,污泥量少,所需营养物质少
厌氧-好氧法	厌氧处理、好氧处理联合使用	经济合理,处理效果高
土地法	慢速渗滤系统、快速渗滤系统、表面漫流、湿地系统、地下土地渗滤处理系统及人工快滤处理系统	效果好,成本低;周期长,消除不完全,仍需后续处理

九、参考文献

［1］张弛,王国红,李晓姣,等. 北方城市垃圾渗滤液水量水质变化特征［J］. 环境工程学报,2015,9(11)：5421－5426.

［2］柯斌,吴勇,熊昌龙,等. 有机改性成都黏土预处理垃圾渗滤液［J］. 环境工程学报,2014,8(3)：1113－1119.

［3］叶雅丽,李山河,肖宁,等. 垃圾渗滤液处理技术发展趋势探讨［J］. 中国给水排水,2014,30(22)：55－56,60.

实验四十四　固体废物浸出毒性(重金属)实验

一、实验目的

(1) 了解固体废物浸出毒性实验的意义。

(2) 掌握固体废物浸出毒性的基本测定方法。

(3) 了解固体废物浸出毒性对环境的污染与危害。

二、实验原理

浸出是指可溶性组分通过溶解或扩散的方式从固体废物中进入浸出液的过程。当堆放或者填埋的固体废物与液体接触时,固相中的组分就会溶解到液相中形成浸出液。浸出毒性是指固体废物遇水浸沥,浸出的有害物质迁移转化,污染环境的危害特性。固体废物浸出毒性的测定,是确定该固体废物是否为危险废物的重要依据,也是评价该固体废物所适用处置技术的关键因素。因此,固体废物浸出毒性实验对危险废物和固体废物的管理具有十分重要的意义。

在城镇污水处理过程中,活性污泥因被用作吸收污染物的载体而被大量使用,但污水处理过程中产生的大量污泥会含有不同种类、不同浓度的重金属。此类污泥的不妥善处置,对环境存在二次污染风险。城市污泥中往往含有生物毒性显著的 Cr、Cd、Pb、Hg、类金属 As,以及具有毒性的 Zn、Cu、Co、Ni、Sn、V 等,部分污泥的重金属含量超标,存在一定的生态风险。

本方法以醋酸缓冲溶液为提取剂,以脱水泥饼为固体废物实验对象,模拟工业废物进入卫生填埋场后,在填埋场渗滤液的影响下,有害组分从废物中浸出进入环境的过程。

三、仪器与试剂

1. 仪器

密封式振动粉碎机、烘箱、全自动翻转式振荡器、真空过滤器、磁力搅拌器、电子天平、pH 计、提取瓶、锥形瓶、表面皿、滤膜、筛(孔径为 9.5 mm)、原子吸收光谱仪。

2. 试剂及材料

冰醋酸(GR)、盐酸、硝酸溶液(1 mol/L)、氢氧化钠溶液(1 mol/L)、蒸馏水、脱水泥饼。

四、实验步骤

1. 脱水泥饼预处理

称取 50～80 g 脱水泥饼于具盖容器中,将其置于烘箱中,105 ℃下烘干至两次称量值误差<±1%,计算脱水污泥样品的含水率。将烘干的泥饼放入密封式振动粉碎机,破碎后的泥饼过 9.5 mm 孔径的筛后收集备用。

2. 浸提剂的配制

按照液固比 20:1(L/kg)计算出所需浸提剂 1 和浸提剂 2 的体积。

浸提剂 1 的配制:量取 5.7 mL 冰醋酸,加入盛有 500 mL 蒸馏水的 1 L 容量瓶中,再加入 64.3 mL 1 mol/L 的 NaOH 溶液,用蒸馏水定容至 1 L。用 1 mol/L 的 HNO_3 或 1 mol/L 的 NaOH 溶液调节溶液 pH,保持浸提剂 1 溶液 pH 在 4.93±0.05 范围。

浸提剂 2 的配制:量取 17.25 mL 冰醋酸于 1 L 容量瓶中,用蒸馏水定容至 1 L,保持浸提剂 2 溶液的 pH 在 2.64±0.05 范围。

3. 浸提剂的确定

称取 5.0 g 已预处理过的样品于 250 mL 锥形瓶中,加入 96.5 mL 蒸馏水,盖上表面皿,将其用磁力搅拌器剧烈搅拌 5 min 后,测定锥形瓶中上清液的 pH。如果上清液的 pH<5.0,用浸提剂 1。如果上清液的 pH>5.0,加入 3.5 mL 1 mol/L 的 HCl 溶液,盖上表面皿后加热至 50 ℃,并保持恒温 10 min 后冷却至室温,再次测定上清液的 pH。如果上清液的 pH<5.0,用浸提剂 1;如果上清液的 pH>5.0,用浸提剂 2。

4. 毒性浸出与测定

称取 100 g 左右样品,置于 2 L 提取瓶中,根据样品的含水率,按液固比 20:1(L/kg)的比例加入所需的浸提剂,盖紧瓶盖后将其固定在全自动翻转式振荡器上,在转速为 30 r/min、温度为 25 ℃条件下振荡 24 h。

用经稀硝酸淋洗的真空过滤器(0.45 μm 滤膜)过滤浸出液,并用原子吸收火焰分光光度法测定浸出液中重金属 Cr、Cd、Cu、Ni、Pb 和 Zn 的含量。

五、数据记录与处理

将浸出液中重金属浓度测定结果记于表 5-8。

表 5-8　浸出液中重金属浓度测定结果　　　　　　　　单位:mg/L

项目	Cr	Cd	Cu	Ni	Pb	Zn
空白浓度						
样品浓度						

参照相关分析方法分析污泥中重金属的浓度值,并通过是否超过允许值来判断其毒害性。

六、注意事项

(1) 为了降低空白值,应注意玻璃器皿的清洗和试剂的纯度。

(2) 注意浸出液与所使用容器的相容性。

(3) 提取瓶在振荡过程中有气体产生时,应定时在通风橱中打开盖子,释放压力。

七、问题讨论

(1) 测定固体废物重金属浸出毒性有何意义?

(2) 影响固体废物浸出毒性的因素有哪些?

八、知识链接

固体废物浸出毒性浸出方法主要有三种：HJ/T 299－2007硫酸硝酸法、HJ/T 300－2007醋酸缓冲溶液法和 US EPA 1311 TCLP(表5-9)。

表5-9　三种固体废物浸出毒性浸出方法要点

浸出方法	浸提剂	液固比	干固体质量	备注
HJ/T 299－2007 硫酸硝酸法	① pH 为 3.2 的硫酸硝酸(2∶1)溶液；② 水	10∶1	干固体含量≤9%,初始滤液即样品的浸出液	不适合用于含非水溶剂的样品
HJ/T 300－2007 醋酸缓冲溶液法	① pH 为 4.93 的冰醋酸溶液；② pH 为 2.64 的冰醋酸溶液	20∶1	干固体含量<5%,初始滤液即样品的浸出液	不适合用于含非水溶剂的样品
US EPA 1311 TCLP	① pH 为 4.93 的冰醋酸溶液；② pH 为 2.88 的冰醋酸溶液	20∶1	干固体含量<0.5%,初始滤液即样品的浸出液	

九、参考文献

［1］赵国华,罗兴章,陈贵,等. 固体废物中重金属浸出毒性评价方法的研究进展[J]. 环境污染与防治,2013,35(7)：80－84.

［2］刘锋,王琪,黄启飞,等. 固体废物浸出毒性浸出方法标准研究[J]. 环境科学研究,2008,21(6)：9－15.

［3］何绪文,石靖靖,李静,等. 镍渣的重金属浸出特性[J]. 环境工程学报,2014,8(8)：3385－3389.

［4］王翔,付川,潘杰,等. 锰尾矿、矿渣浸出毒性及 Cd、Pb 溶出特性研究[J]. 环境科学与管理,2010,35(7)：37－39,69.

［5］廖世国,黄启飞,周在江,等. 废水污泥中重金属的浸出特性研究[J]. 三峡环境与生态,2010,3(1)：24－25,28.

实验四十五　农作物秸秆制备活性炭及吸附性能测定

一、实验目的

(1) 熟悉农作物秸秆炭化的基本原理。

(2) 掌握农作物秸秆制备活性炭的方法。

(3) 了解固体废物资源化综合利用的方法。

二、实验原理

农作物秸秆作为农业生产过程中的主要副产品之一,属于农业生态系统中一种十分宝贵的生物质能资源。我国作为世界上最大的农业国家,每年产生的农作物秸秆超过 9 亿吨。然而,由于技术、资金等因素限制,我国秸秆资源化利用单一且效率较低,每年仍然有近 2 亿吨的农作物秸秆被就地焚烧,造成了极大的资源浪费和环境污染。

农作物秸秆的主要成分是木质纤维素,是典型的生物质材料,目前主要综合利用途径包括秸秆肥料化、饲料化、能源化和材料化。为了进一步加快农业物秸秆的资源化利用，开发新的途径利用秸秆成为人们关注的热点。农作物秸秆中含碳 43%～52%，是制备活性炭的良好原料用秸秆制备活性炭既可节约资源，又可以制备出需求量大的活性炭，是一种良好的资源化途径。活性炭作为一种优良吸附剂广泛应用在国防、化工、石油、纺织、污水处理等各个方面。

活性炭的制备过程包括炭化和活化。其中，炭化过程是为了去除原料中的有机及挥发成分，得到适宜于活化的基本孔隙和具有一定机械强度的炭化料。而活化过程主要是利用活化剂与炭化料的相互作用，在炭基本孔道的基础上发展新的孔道和扩孔作用，以产生发达的孔隙结构。目前，常用的活化剂有碱金属和碱土金属的氢氧化物、无机盐类及某些酸类。磷酸是中强酸，具有脱水性、阻燃性，同时可阻止含碳挥发物形成，常被用作活化剂。生物炭被磷酸固定后，高温下形成微孔结构，生成活性炭。本实验以磷酸为活化剂，以玉米秸秆为研究对象，采用化学活化法制备秸秆活性炭，通过所制备的活性炭对亚甲基蓝的吸附实验测定其吸附性能。

三、仪器与试剂

1. 仪器

马弗炉、分光光度计、恒温振荡器、烘箱、电子天平、陶瓷坩埚、锥形瓶、烧杯、布氏漏斗、抽滤瓶、容量瓶、锥形瓶、剪刀。

2. 材料与试剂

玉米秸秆、40%磷酸、20 mg/L 亚甲基蓝。

四、实验步骤

1. 玉米秸秆预处理

将玉米秸秆晒干后截成 2～3 cm 长小片，于 105 ℃下烘干至恒重。称取 25 g 左右物料，用 250 mL 40%的磷酸溶液浸泡 24 h 后，于 80 ℃下烘干，保存于干燥器中，备用。

2. 活性炭的制备

将烘干后的玉米秸秆样品放入具盖陶瓷坩埚中，然后将其置于马弗炉中，以 10 ℃/min 的速率升温至 600 ℃，恒温炭化 2 h 后，自然冷却至室温后取出，再用水洗涤至中性，离心干燥研磨后，称量活性炭质量，计算产率（产率＝实际产品质量/理论产品质量×100%）。

3. 活性炭吸附性能的测定

（1）绘制工作曲线。

分别移取 0.00 mL、1.00 mL、2.50 mL、5.00 mL、7.50 mL、10.00 mL 浓度为 20 mg/L 的亚甲基蓝溶液于 50 mL 容量瓶中，用蒸馏水定容到刻度，摇匀。以蒸馏水为参比，选用 1 cm×1 cm 的比色皿作为样品池，在 565 nm 处测定系列亚甲基蓝标准溶液的吸光度值，绘制吸光度与亚甲基蓝浓度间的标准曲线。

（2）吸附实验。

平行称取 3 份 0.1±0.001 g 玉米秸秆活性炭于 150 mL 具塞锥形瓶中，分别加入 100 mL 浓度为 20 mg/L 的亚甲基蓝溶液，摇匀后将锥形瓶置于恒温振荡器中，设置转速为 110 r/min，于 25 ℃下恒温振荡 30 min 后过滤。使用分光光度计，于 565 nm 处测定滤液的吸光度值，通过标准曲线得出亚甲基蓝的剩余浓度，计算玉米秸秆活性炭对亚甲基的吸附容量。

五、数据记录与处理

将实验数据记于表 5-10～表 5-12。

表 5-10 秸秆活性炭产率

秸秆质量/g	理论活性炭质量/g	实际活性炭质量/g	产率/%

表 5-11 亚甲基蓝标准溶液吸光度测定结果

编号	移取标液体积/mL	浓度/(mg/L)	吸光度
1	0.00		
2	1.00		
3	2.50		
4	5.00		
5	7.50		
6	10.00		

表 5-12 秸秆活性炭对亚甲基蓝的吸附性能

编号	吸光度	剩余浓度/(mg/L)	吸附容量/(mg/g)
1			
2			
3			

六、注意事项

（1）玉米作物秸秆、坩埚要烘干后使用。

（2）浸泡玉米作物秸秆样品时,要定时对其搅拌。

（3）将坩埚放入马弗炉或取出时均要注意防止温差引起的炸裂。

七、问题讨论

（1）磷酸的作用是什么?

（2）影响活性炭吸附性能的因素有哪些?

（3）简述农作物秸秆制备活性炭的意义。

八、知识链接

活性炭是一种黑色多孔的固体炭质,由木材、硬果壳、煤等经炭化、活化制得。其主要成分为 C,并含少量 O、H、S、N、Cl 等元素。活性炭在结构上由于微晶碳的不规则排列,在交叉连接之间有细孔,活化时会产生碳组织缺陷,因此活性炭是一种多孔碳,其堆积密度低,比表面积大。其吸附性能与氧化活化时气体的化学性质及其浓度、活化温度、活化程度、活性炭中无机物组成及其含量等因素有关,主要取决于活化气体性质及活化温度。

活化温度越高,残留的挥发物质挥发越完全,微孔结构越发达,其比表面积和吸附性能就越大。活性炭的微孔直径大多在 2～50 nm 之间,比表面积在 500～1700 m^2/g 之间。活性炭具有很强的吸附性能,是用途极广的一种工业吸附剂,现已广泛应用于食品工业、医药工业、化学工业、冶金工业、环保工业及国防工业等行业领域。

九、参考文献

[1] 霍丽丽,姚宗路,赵立欣,等. 典型农业生物炭理化特性及产品质量评价[J]. 农业工程学报,2019,35(16):249-257.

[2] 柴红梅,任宜霞,杨晓霞,等. 基于微波法制备玉米秸秆活性炭及对亚甲基蓝的吸附[J]. 离子交换与吸附,2018,34(4):337-346.

[3] 徐先阳,黄维秋,高志芳,等. 农作物废弃物活性炭的制备及吸附性能研究[J]. 化工新型材料,2016,44(8):257-259.

[4] 梁霞,王学江. 活性炭改性方法及其在水处理中的应用[J]. 水处理技术,2011,37(8):1-6.